活　　在　　当　　下

Real Moments
活在当下

[美] 芭芭拉·安吉丽思 著

黎雅丽 译

印刷工业出版社

昨日已成历史，明日还未可知。

此刻是上天的赐予（gift），

所以我们称它作『当下』（the present）

目录

CONTENTS

第三篇　人际体验

第四篇　用心实践

人的一生总会遇到几次反省和转型的成熟时机，

而现在，

我正面临其中的一次。

爱和慈悲永远不会白费。

生命永远会因为它们而有所变化。

受者因此得惠，

而施者如你，

也因此得福。

作者序

丰富心灵之旅

芭芭拉·安吉丽思

我之所以写这本书，是因为我需要提醒自己温习这方面的知识；我写这本书，是因为和许多人一样，我自己的生命，需要更多真实的刹那。身为作者，之所以写这本书，是因为我知道，最有效的自我发掘过程，始终是先静默，并倾听静默，然后写下我所听到的；而所有透过我的笔端刻书在纸上的文字，我总是第一个受益者。

人的一生总会遇到几次反省和转型的成熟时机，而现在，我正面临其中的一次。过去几年里，我成就了不少多年来的梦想：我找到了梦想已久的白马王子，我为自己创造了富裕而美好的生活；然而当我问自己：“芭芭拉，你快乐吗？”我竟然答不出来。很多朋友打电话来恭喜我结婚或为我的成就道贺时，他们总是说：“你现在一定非常非常快乐。”这样的说法每每会在我的脑海里盘旋数日，挥之不去。我知道，我已经拥有了这么多美好的际遇，是该高兴的，可是我却觉得自己并不快乐。

欠缺真实刹那

就是那个时候，我开始明白，我的生活里欠缺的是更多的“真实刹那”：欠缺一些不必急着去哪里、不必急着完成什么的优游时光，欠缺一些我能真正投入和享受的片刻。多年来，我已练就了一身起而行的本事，却十分拙于无所事事，当然也包括了无所事事中的快乐。

当我向一些知己、好友吐露这个藏在心底的困扰时，我发现，原来在这个问题上，我一点儿也不孤单。我告诉他们：“近来我正在写一本新书，书名是《活在当下》（*Real Moments*）。”所有人的反应竟然都是：“天啊，我真要好好读读这本书！”我这才了解，在感情和心灵的十字路口上彷徨的，并不只有我一个。有太多人徘徊在这样的交叉道上，回顾来时路，对人生的意义和曾做过的选择都心存怀疑；翘首未来，希望能找到令自己心安的答案。

我也相信，美国这个国家在心灵上已经病入膏肓。在这个充斥着暴力和恐惧的时代，现存的价值观已将我们远远带离知足与和谐——那是我们祖先远渡重洋，千里迢迢来到新大陆所要找寻的东西。美国人正极力找寻并重新定义新的价值观，在21世纪来临之际，我们每一个人，都在为得到更多的真实刹那努力不懈。

在这本书里，我要请读者和我一起，在来到十字路口时，问问自己：

“我快乐吗？”

“我在这儿究竟做了些什么？”

“我正在做的是我所该做的吗？”

“我的生命里拥有足够的真实刹那吗？”

老实说，这些都不是容易回答的问题。提出这些问题需要勇气，而耐心倾听自己内心的答案往往需要更大的勇气。但是，功不唐捐，未来的每一天，你都将得到新层次的爱、平静与启示，那是对你最大的报偿。

在回答上面这些问题的过程里，我看到新生、解放的真我；生活里也有了极大的变化，有些变化并不显眼，有些则十分戏剧化。不过最大的改变应该是：现在的我拥有许多真实的刹那。每一天，我都能找到更多的宁静，对什么才是真正的快乐也能了解更多、体会更多。

所以，尽管这本书是我一次全新的尝试，我仍然愿以全心的爱把它献给读者。希望借着这样的分享，能使你追寻真实刹那的旅程更充实、更丰富。

第一篇

当下省思

第一章 你快乐吗?

起初，我想进大学想得要死；

随后，我巴不得赶快大学毕业好开始工作；

接着，我想结婚、想有小孩又想得要命；

再来，我又巴望小孩快点长大去上学，好让我回去上班；

之后，我每天想退休想得要死；

现在，我真的快死了……

忽然间，我明白了，我一直忘了真正去活。

——无名氏

这本书探讨的是使生命富有意义的“真实刹那”，以及我们如何拥有更多的“真实刹那”。它要你去体验生命中每一刻的完美与奥妙，真正的满足就在当下的此时此刻，而不是非要等到赚了更多的钱、找到门当户对的另一半或减肥成功以后才能获得。它探讨如何重新看待你与伴侣、孩子在一起时的真实刹那，工作和游戏时的真实刹那，最重要的是，面对你自己的真实刹那。

诚实看待你自己的生命。你每天每夜所做的事都很有意义，且能使你心中微笑吗？你是否把大多数的时间都花在几乎毫无乐趣的事情上？当你生命终了，你会不会希望自己曾经以另一种方式过活？如果你只剩下一个月的寿命，你会做什么改变？

审视你自己的内心深处。你快乐吗？有什么东西是你觉得必须拥有才会快乐的？你确定拥有那样东西之后，你一定会快乐吗？那样你就满足了吗？

真切正视你自己心灵的价值。假设明天你突然死了，在回顾自己的一生时，哪些时光会是你最珍视的？你会最想念活着时候的哪一部分？

“用心”

借着这本书，你可以开始针对这些问题去寻找自己的答案，就像我也一直在找寻属于我自己的答案一样。我相信对自己提出这些问题非常重要，它会迫使我们不再麻木地、机械地过日子，而必须用心去活。

有一个禅的故事很有名—— 一个弟子来到师父跟前，请求师父开示生命的智慧。师父对这焦急的弟子注视了一会儿，然后拿起毛笔写下“用心”二字。弟子不解，着急地请师父解释，师父又写了一次“用心”。这时，年轻的弟子又颓丧、又生气，完全无法理解师父要教给他的道理。于是，师父再次耐心地写着：用心……用心……用心。

生活的片段，有时是无尽的喜悦，有时是深沉的伤痛。然而不变的是，当你全心全意于你所处的那一时、那一事、那个当下，你所经历的便是一个深具意义、绝不枉费的刹那。这就是我所说的真实的刹那。

电影《银河飞龙》里有一句台词是：

我发现“我们为什么在这里？”是人类常问的典型问题，然而，我倒觉得，不如问问：“我们真的在这里吗？”这似乎更值得深思……

此刻，你正心无旁骛地读着这个句子吗？抑或分了神想着其他该做的事，或盘算着晚餐要吃什么？你是不是好像在读着，心里却仍挂念昨晚和女朋友吵架了，或在猜想刚才碰到的那位男士，会不会打电话约你出去？我们大多数人都无法全然专注于自己正在做的事，无法心无杂念地感受眼前的时刻。我们把绝大部分的时间都花在心不在焉上，以至于很难拥有真实的刹那，因为只有在你百分之百地经历当下的那一瞬间，真实的刹那才能富含力量，才能完满。

真实刹那的另一个说法是“全神贯注”。全神贯注是东方许多的传统思想之一，特别是佛教的核心概念。简言之，就是将全副心神贯注在眼前手边的事物上，让心灵毫无杂念地去体验当下。

投入每一瞬间

全神贯注使你完全投入那一瞬间，它能把每一个寻常的经验——如散步、哄孩子入睡、拥抱伴侣，甚至单纯地开车，转变成一个个真实的刹那。当你全神贯注时，就能毫无遗漏地去感受自己当下所处的环境和正在做的事，而不是麻木地让眼前这介于过去和未来的瞬间，成为又一个即将逝去、将会遗忘的时刻。稍后，我会在书里提供一些能帮助我们活得更全神贯注的方法。

全神贯注的相反是麻木，没有思考，没有感觉，机械地、无意识地活着。我相信，我们自己和周遭亲友的许多痛苦，其实是肇因于我们的麻木。

因为麻木，你才可能维持着一段对你毫无益处甚至可能有害的关系，而且全然无视于自己的悲惨不幸。

因为麻木，你才会长年累月忽略身体对你发出的警讯，忽视它的慢性消化不良或胃溃疡，只晓得猛吞胃乳片，直到多年后医生对你说你已病入膏肓，才懊悔不已。

因为麻木，你才会抽烟、喝酒或吸毒，无视于自己的日夜咳嗽、情绪不稳、精神时好时坏，不知道自己是在慢性自杀和伤害所有爱你的人。

因为麻木，你才可能明知身处不公平的境遇中，却仍默默承受，毫不反抗。

太多时候，我们大多数人都受困于这个不健康的习惯；而一旦麻木地过日子，我们便错过了所有真实的刹那。心理学教授蓝爵（Ellen Langer）写过关于麻木的书。他说麻木生活和行动的人，一不小心就会坠入行尸走肉的泥沼里。我们顺着时间走下去，眼光却不看着当下，只着意于未来，之后则怀疑，为什么不曾走到任何能给自己有持久成就感的目的地。

若想拥有每一个真实的刹那，

就要用心迎接生命为你展现的每一刻，

全心全意活在当下，

放开心胸去充分感受，尽情展现生机。

为未来而活

在美国要过得麻木很容易，因为美国人的生活方式就是“为更美好的明天而活、而梦想”。美国向来是逐梦者聚集的地方，他们从世界各地移民来到这里，被鼓舞着去怀抱更大的梦想。问题是，整个20世纪的后半段，我们都在为明天而活，对当下所付出的时间则少之又少。我们为未来计划、为未来担忧，然后不知不觉中，当生命走到了尽头才醒悟：我们一心一意计较已发生或希望到来的事，却忘了享受当下的每一个片刻；我们都变成“为生活做准备”的专家，同时也变成“现在就充分享受活着”的低能儿；我们为事业做准备，为休假做准备，为周末做准备，为退休做准备——总括起来，我们其实是在为生命终了做准备。

如此擅长于为未来而活，问题就出在我们已养成了不活在当下的习惯，于是当那些期待已久的美好事物真正来临——假期、升迁、狂欢会……我们已经不知道该怎么去享受了。面对这些引颈期盼了好久的美事，我们依旧匆忙走过，仿佛只是又一桩麻烦事。我们迫不及待要把它解决掉，但时过境迁，又想不透自己为什么还觉得失落，觉得不满足。

最近有一位好友结婚。她花了一整年时间来筹备她的婚礼——那的确是一场别致、出色的婚礼。第二天早上，出发去蜜月旅行之前，她从机场打电话来。我问她是否满意这场婚礼，她竟表示她感到异常空虚。“我几乎想不起来婚礼的样子，”她的声音里透着失望，“好像迷迷糊糊地就过去了。”

我这位好友的经验并不特别：当我们将生命耗费在为未来做准备，而非享受眼前的时光时，我们便把快乐也给延误了。我们失去了欣赏和领受快乐的能力，一旦真有机会体会真实的刹那，就只能和它们擦身而过了。

在美国，我们活在一个只重行动、不重实质的文化里，这也就难怪我们如此拙于创造真实的刹那，更遑论能在每一个当下怡然自得。我们一向重量不重质，只在乎不断地活动所带来的刺激，对实质问题则不闻不问。我们常以外在的成就来论断别人或自己，却忘记自己在本质上究竟是个什么样的人。我们是一群兴风作浪的行动者、成就狂，一如塔希（Nina Tassi）在《嗜快成瘾》（*Urgency Addiction*）一书中所描写的“一群速度崇拜者”“愈大愈好……”“任你吃到饱……”“买一送一……”“一样价钱买得更多……”“史无前例的速度感……”“最新、最先进的……”——这就是美国精神。

错用“消费意识”

第二次世界大战结束以来，我们进入了一个疯狂的消费主义时代。我们要尽可能多，且尽可能快速，消费和业绩成为我们的快乐钥匙。我们对自己说：只要有汽车、房子、彩色电视和一个好工作，我们就算过关了；如果我的这些东西能比隔壁那家伙的更新、更好或能谋到一个名号更响的差事，可就成就傲人了。我们的英雄是那些拥有最多的人，所有的目光都凝聚在事物上。人生的目标不再是生活，而是“拥有”和“完成”。

无可避免地，“消费意识”把我们通通变成了延误快乐的高手。延误快乐的意思就是：相信“为了要快乐，必得要有某些先决条件才行”。你相信自己：“等到……之后，我一定会很快乐。”

我们相信在拥有某种经验、某种财富或某种地位之后，我们就会快乐，而在这之前，快乐是不可能的。因此我们努力工作或任时间流逝，然后终有一天，我们所期待的快乐源头就会降临。我们完成学业、减肥、创业或买房子，然后欣喜地等待快乐的到来——同时大失所望；我们或许会觉得满足，却不快乐。

这样的过程会一而再、再而三地重复。“没错，我知道我曾说只要当上经理，我一定会很快乐；可是我现在才发现，真正能让我快乐的，是当老板。”于是我们再一次把快乐顺延到下个目标上。

时不我予

就像吸毒一样，总是需要愈来愈重的剂量，才能达到兴奋的效果，最后，终有一天，你再也离不开它。我们之中，一定有很多人已经步上了这条路。我们买了车子和房子，我们投身于工作，并且正一步步爬上了成功的阶梯，我们努力供给小孩那些我们不曾有过的一切享受。我们得到很多想要的东西，也当上了我们从前所羡慕的成功人物，但是渐渐地，我们开始怀疑，好像有什么地方出了差错。不停地追求的那些梦想，已经把我们带进了一个心灵和情感的死胡同：这一路上，我们拿出所有真实的刹那来换得财富、换取目标的达成，但是，我们换不到快乐。

而更可怕的是：在这个过程中，我们的生命已悄然飞逝了。每个周末，我们奇怪一个星期又跑哪儿去了；每个除夕夜，我们感叹怎么一年又不见了；早上醒来，赫然发现自己已经三四十岁或更老了，却怎么也想不起来，时间是怎么流逝的。我们看着孩子毕业，有了自己的家，但总觉得摇他们入睡、教他们绑鞋带，都仿佛是昨天的事。

当我们将生命耗费在为未来做准备，

而非享受眼前时光，

我们失去了欣赏和领受快乐的能力，

与每一个真实刹那擦肩而过。

我们不能让时间慢下来，从呱呱坠地的那一刻起，我们就向死亡的那一端迈进，一点点地变老；但是我相信，一旦我们能更全心全意地体验生命的每一刻，就会觉得时间过得更有意义。

最长的40秒

你的一生中，可能也有过这样的经验：明明是稍纵即逝的刹那，却觉得有好几个钟头那么长；明明才几个星期，却像是过了几个月；明明才几个月，却好像已经过了一辈子。通常在这种时候，你完全专注于当时的情境：分娩的时候，自己或家人在病床上等检验报告出来的时候，和心上人第一次亲吻拥抱的时候，整晚盯着电话等男朋友为昨天的争吵道歉的时候。在这样的情形下，时间的脚步似乎慢了下来。尽管你的理智告诉你，这一天、这个夜晚绝对跟其他任何时候一样，你还是会发誓：感觉起来起码有两倍那么长。那是因为当时你的人、你的心、你的感情已经完完全全地投注在每一个瞬间了。

1994年1月17日凌晨4点31分，我和上百万的南加州人，一起经历了一场美国历史上数一数二的大地震。我永远不会忘记那种恐怖的感觉：我们夫妻俩只能死命地攀在床边，在寒冷的黑夜里，周遭的一切被震得地动山摇、隆隆作响，而听起来就像是世界末日到了！我们死定了！

谢天谢地，我们没死。之后的几个小时，我们缩在衣帽间的地板上，等着余震过去。我们简直不能相信收音机里传来的消息，所有报道都说主震大约持续了40秒。“不可能！”我和丈夫相互叫着，“至少有3分钟！”我们觉得新闻报道都错了，可是他们没错！后来的几天，我和很多朋友、邻居谈起那次地震，也听了许多收音机和电视里的报道评论，没有一个人觉得这个地震只有40秒。他们都和我们一样，一口咬定地震持续了好几分钟。当然，我们都错了。我们体验到的是我们一生中最长的40秒。

毋庸置疑，那次地震是我有生以来最恐怖的经历。它绝对够资格成为一个真实的刹那，尽管我绝不希望常常遇上。然而，和所有真实的刹那一样，它赐给了我们许多美好的礼物——知道了什么是生命中最重要的东西，使夫妻间变得更亲密，家人关系更接近，朋友和陌生人之间也增添了真诚的关怀和亲切感。经历过这样震撼的时刻，我们的心被震开了，我们的灵魂被震醒了。因为我们被迫放慢了脚步，在地震当天的每一分钟和往后的几天里，一心一意面对遭遇到的一切；结果，我们感受到了更多的爱。

我的寻乐之路

打我有记忆以来，我就是一个探索者。凡认识我的人从不会形容我是个无忧无虑、天真快乐的小女孩儿。我父母的婚姻并不愉快。从孩提时代，我就想为母亲眼中的忧郁、父亲心中的迷惑和我自己的痛苦找寻答案。最让我小学老师讶异的，是我三年级时第一次写诗时，写道：世上为什么会有这么多不快乐？我迫切地想要知道人生的意义，找不到答案让我异常失落。

18岁离家后，我认真地踏上了寻找真理之路。我找到了一个心灵上的导师，跟着他开始学习静坐，经常闭关静修好几个月，希望能从方寸之地，找到我所企求的宁静和智慧。我一直专注在自己的内心世界里。数年后，我知道是时候了——我该回到外面的世界，去找寻我生而为人的目的。然后我回到学校去修完学位，开始致力研究我最关心的——爱、关系、生活的过程。

我为18位最要好的朋友在家里的客厅开了第一次的工作坊。我并不打算出名，也没打算主持电视节目、广播节目，甚至出书。我只是将我的所学和我挚爱的友人分享。所以当第二次工作坊来了25个人，第三次来的人更多时，我真是吓了一大跳。不过很快地，我该走的路愈来愈清楚地展现在眼前，我也迎了上去。我很庆幸上天赐给我与人沟通的能力，使我能提醒他们和我自己，爱是多么的重要。

决定当老师之后，我就立誓要竭尽所能，影响更多的人。我并没有在一夜之间成功，我也不曾这样奢望。在我的一生中，所有的事都得来不易，我总是必须先有所为，才会有所收获，我的事业也不例外。

回顾过去，有两个原因可以解释为什么我凡事都必定全力以赴。其一，小时候，我多数朋友的家里都比我家有钱。我家的房子是我所有死党里最小的；穿的衣服都是从折扣店买来、标签被剪掉的瑕疵品。真正需要的用品，我不曾缺少，但也从未尝过“拥有好多好多我想要的东西”的滋味。也就是说，如果我得到了什么东西，那一定是因为我努力付出过。其二，我决定更努力的原因可能是，我觉得自己的长相不太有魅力。你想象一个干干瘦瘦又严肃兮兮的小女孩，肤色苍白、绑着发带、脸上架着一副丑丑的眼镜，那就是我的样子了。我知道我不太可能凭外貌让任何人对我留下好印象，所以我只能以才智取胜。即使多年以后，我换上了隐形眼镜，学会了打理头发，也注意到有男孩子觉得我还有点吸引力，我仍然不认为自己长得好看。

所以在我的事业刚起步时，我不停地工作，不停地打拼，忙得根本没注意到自己已颇有名气了。直到几年前的一次因缘，才使我开始重新规划自己的生命方向。当时我在电视台主持一个每天播出的节目，那天我和一个外地来的朋友一起开车去电视台，刚一进摄影棚停车场，她就看到有一堆“影迷”在等着我签名。她忽然咧嘴大笑：“芭芭拉，你真的梦想成真了。”之后，她语带关爱和赞叹地说：“你一定很快乐！”

愿望多，快乐少

听到这句话时，我的心里好像有一道窗帘忽地被掀开了。霎时，我看到自己的的确确完成了许多长久以来的梦想：我现在住的房子，比任何一个小时候玩伴住的房子都好；我有能力为自己买所有小时候买不起的东西；我可以送我妈妈到任何地方去旅游，那是从前她培育我成长的时候不可能负担得起的；我终于找到一个不论我多丑（即使是戴着眼镜、扎着马尾）都会爱我的男人。然后看看现在，我正开着车子去录我的电视节目呢！可是审视内心深处，我看到一件可怕的事情——我不快乐。我很得意，我很满足，可是我不快乐。

听了朋友说那句话，那天我满脑子想的只有这件事：我想不通“怎么会这样？”我深信自己工作的价值，我也知道很多人的生活因此改变，我绝对以自己的工作成就为荣；我的婚姻美好而甜蜜，我的健康状况良好，这一切为什么还不能使我快乐？为什么还不够？到底还漏掉了什么？

随着时间流逝，我渐渐看到了真相。我不快乐是因为我不曾让自己体验许许多多真实的片刻，那些无所为而为的片刻，那些不为工作目标忙碌的片刻，那些我简简单单就是待在什么地方的片刻。我擅长行动，却对如何单纯地活着极不在行。这么多年来，我满心相信：只要能达成愿望，我一定会很快乐。如今，我拥有了从前向往的东西，但也明白：就算获得更多，我也不会快乐；如果我现在觉得不够、那么永远也不会够。

我决定牢牢记住这个领悟，我把它写在一张小卡片上，摆在我的镜子前，每天早上读它一遍：

什么时候我才会觉得够了？

够了之后要做什么？

拿这几个大问题问问自己——如果你此刻觉得不够，什么时候才会够？在那之前，你得再赚多少钱？再累积多少成就？然后你要做什么？你的生命会呈现出什么样的面貌？有人告诉我，他们仅仅对自己提了这几个问题，就开始了一段长达数星期之久的自我探索历程。

满意不等于快乐

因为我回答过这些问题，所以现在我知道：我可以再出一打更畅销的书，再上千百次电视节目；或者，如果我有小孩，我当个全职妈妈，会教养出完美无缺的孩子；如果我从商，我会有本事买下任何我要的公司；但是，没有一件事能让我快乐。这些最多能让我满足，令我得意，却不能带给我快乐。

快乐与满意的差别在哪里？满意基本上是一种精神上的满足，它代表完成了某件你有所为而为的事—— 一项计划、一次交谈、一顿美食。比如，新书的进度又完成了一章，我会觉得很满意；发表了一场演说而且颇受好评，我会觉得很满意；把柜子清理干净，我也会觉得很满意；总之就是有某件事情完成了。

快乐则是比较倾向情绪方面的满足。当我在某本书的某一章里，写出了自己都叹为观止的语句，我会觉得很快乐；演讲后，有人前来和我分享感触，我深有同感，会觉得很快乐；我望着衣橱里的某件衣服，回想起曾经穿着它度过的一个有趣的夜晚，我会觉得很快乐。

我记得我的第三本书刚刚上《纽约时报》畅销书排行榜第一名的那天，我的经纪人一早就打电话来告诉我这个好消息，我当然很兴奋。那本书我写得很认真，它能有好成绩，我当然觉得满足又得意。那天晚上杰佛瑞下班回来，我们一起躺在床上。他把我揽入怀中，抚摩着我的头发，告诉我他多么以我为荣，因为我为这本书付出了这么多，因为我这么辛苦到各地去促销，因为我这么聪明慧黠……我热泪盈眶地接受他的爱。那一刻，并非之前，我好快乐。那相爱的一刻正是真实的刹那。

我们都做过让自己很满意的事情。然而不论我们再做多少，再体会多少的心满意足，我们都需要学会创造真实的刹那，才能拥有真正的快乐。

快乐的唯一源头，是拥有许多生命中真实的刹那。

快乐的源头

快乐只存在每一个刹那的当下，也只在当下可得。快乐降临的那一刹那，绝不会是我们存心去寻找快乐的时候，因为一旦存心追求，我们的心就已不在“此时此地”，而是到“别处”去了。如果我们能让自己回到现在，全神贯注于手边的事物，快乐便会不求自来。

“快乐（happiness）”这个词源自古英语里的“hap”，指机会或运气（不论好坏）——意思就是人的遭遇（happens）。换句话说，照词源上的解释，“快乐”应该是“所有当下的经历”。所以尽管我们会说：

“我要快乐起来”，基本上我们已经把自己投射到未来去了；而快乐，依照定义，是只存于当下的这一刻。

世界闻名的越南禅学大师一行禅师（Thich Nhat Hanh），写过一本深具启发的书《一步一莲花》（*Peace Is Every Step*），他在书中写道：

> 生命的意义只能从当下去寻找。逝者已矣，来者不可追，如果我们不追求当下，就永远探触不到生命的脉动。

如果你不知道珍视现有的一切和现在的自己，无法从中得到快乐，那么即便将来拥有了更多，你也不会快乐；要是你不懂得怎样充分享受手上的500元，就算有了5000甚至500万，你也还是无法享受；和你的另一半在家附近散散步，要是你不能从中得到乐趣，就算去夏威夷、去巴黎也没用。我并不是说多点钱、多点休闲活动，不能让生活更舒适；事实上，生活是会因此舒适些，但你却不会因此而快乐，因为钱和休闲活动本来就没这功效。只有你自己，借着学习活在当下，与时偕行，才能让自己快乐。

想象一下，你的心愿是要成为一位小提琴演奏家，有人给了你一把老旧的破琴练习。你当然想有一把“史特德瓦瑞斯”（Stradivarius）提琴，那可是全世界公认的顶尖好琴，可惜你没有，只好夜以继日不停地练习，倾注全副精神和心力在那把劣等的琴上，演奏出最美妙的乐声。有一天，来了位慈善家，送了一把你梦寐以求的“史特德瓦瑞斯”小提琴；你以颤抖的手接过了琴，然后开始演奏，你演奏得真是优美动听极了。动听的原因可不是那把价值25万美元的名琴，而在于你已练就了小提琴家所须具备的精湛技巧。

要是你没有学会驾驭那把二手的旧琴，你就不会有能力去拉“史特德瓦瑞斯”提琴。假如你不学着享受你已拥有的一切，那么拥有再多，也不能带给你快乐。

“孩子们将为你带路……”

别害怕这些道理听起来太深奥、太抽象，似乎连听都听不懂，更何况照着去做。我可要提醒你：你也曾是个快乐的高手——在你还是个孩子的时候。儿童是创造真实刹那的专家，他们还没有学会按捺住心中的欢欣，所以可以尽情尽兴！这也是使每个孩子看起来都如此不可思议的原因。他们完全投入“此时此刻”，完完整整地活在当下，不论白天或晚上都充满了欢乐和笑声。这并不只是因为他们没有工作要做，没有账单要付，没有责任要扛——或许他们的优先顺序与此不太一样，可是他们游戏时的专注和全力以赴，比起我们大人工作时的干劲，可一点都不逊色。他们有本事从每一口食物、每一朵花、每一片云、每一个经验里，探索、品尝纯然的惊喜，有这份能耐就能够让他们心满意足。

生命的意义只能从当下去寻找。

逝者已矣，来者不可追，

如果我们不追求当下，

就永远探触不到生命的脉动。

抉择学院（Option Institute）的创办人之一柯福曼（Barry Neil Kaufman）有一句精彩的名言："我们的忧患并非与生俱来，而是学而时习之。"意思是我们还有"放心于当下"的本能，我们可以戒掉麻木的习惯，开始全神贯注地去品尝每一分活着的滋味。我相信孩子是上天赐给我们的导师，看到他们那么倾注全力去感觉、去经历，我们应该记住：他们正为我们示范心灵上的奥妙巧思！是孩子们！是他们为我们指引出一条能寻回喜悦、找到自己真实刹那的必经之路。如同《圣经》上所说："除非你能像孩子们那样，否则你不能进天国。"

不要不停地找事做

刚开始学着在生活里创造真实的刹那并不容易，最大的障碍是我习惯了不停地找事做。这一点到现在还常困扰着我。几年前，我先生杰佛瑞和我去了一趟纽约，除了办些公事，也顺便去玩，那大约是我刚刚发现自己很难去体验真实刹那的时候。星期五早上，我们俩红着双眼抵达纽约。一到旅馆，我立刻开始向几家餐馆预订周末的位子，然后赶快翻开报纸，找各式各样我们喜欢的活动。杰佛瑞好像被我弄得有点烦，但我想他只是累了。我们到街上去逛了一会儿，就回旅馆准备吃晚餐。我才拿出我的计划表，准备和他一起敲定行程，他竟然事不关己似的冷冷地看着我，我吓了一跳。

“怎么了，亲爱的？”我问。

“没什么，我只是有点气你。”

“为什么，我做错了什么？”我立刻自我防卫起来。

“我也不知道，你好像神经病一样不停地计划、不停地列表。你就不能轻松一下？不要老想去控制每一件事好吗？”

一听到“控制”这个最让我敏感的字眼，我的火气立刻冲了上来。

“我没有要控制每一件事，我只是想确定我们会玩得很高兴！”我大声嚷着。

“唉！你只要别老想这么多，芭芭拉，说不定你就会有个愉快的假期。”

我开始从心底深处哽咽了起来。他是对的，我一直很努力，努力玩得开心，努力把每件事都安排到最完美，努力要让他快乐……我这一生都在努力掌控身边每一件事情的结果，尽全力去完成每一个目标。我打心眼里相信，努力得愈多，快乐就会愈多。现在我却要面对一个事实：我的努力其实正是我享受喜悦的最重要阻力；荒谬的是，喜悦却是多年来我拼了命想得到的东西。我哭了，那一刻我才知道，原来我不知道如何才能不努力。

杰佛瑞过来搂着我，我呜咽着道：“我好害怕我一不努力，就会失去什么东西。”

我永远不会忘记他接着说的话：

“如果一直这么努力，你就会失去所有的东西了……”

杰佛瑞话中的道理直指我心。当他抱着我，替我擦掉脸上的泪水时，我知道我该从头去学怎样过日子了。这一生引领我走到这里，让我拥有眼前成就的，是行动的力量：去鞭策，去奋斗，去开创。这不是一种坏的力量——我能拥有现在的一切，这股力量功不可没；但我需要另一种全新的力量，带领我去完成人生的另一个层次。那是一种我不擅长、所知也不多的技巧，那是单纯地活着的力量。

那晚在纽约，我那练达心细的丈夫所一眼看穿的，就是我活到现在最惯常使用的方式，此刻竟成了我的绊脚石——我愈是努力去做些什么来求得快乐，结果是愈不快乐。他当然也就跟着不快乐。

杰佛瑞的一席话使我如醍醐灌顶，那晚我写下了这个故事。

“攀湖”的女人

从前有个女子去爬一座很高很高的山。开始爬的时候，她只是个小女孩，对爬山之前的一切都已不复记忆。年复一年，她在严峻的峭壁上愈攀愈高；渐渐地，她的攀爬动作十分熟练，她锻炼出强壮的腿肌和腰力。不久之后，爬山对她来说，简直就像呼吸一样自然了。日子一天天过去，她也一点点向上移动，后来甚至不必再费劲，她的身体自然而然就会往上爬。

终于有一天，这个女子登上了最高峰，她为自己的成就高兴极了。她迫不及待地要开始下一段人生的旅程，去征服另一座高峰。当她往地平线上极目望去时，她看见一个蓝得好美的湖，湖面延伸到视线的尽头。她爬了一辈子的山，从不曾离开过山，所以也不曾见过湖。事实上，她根本不知道什么是湖。她看着眼前这片陌生的、一望无际的水，得到一个结论，这一定是一座很特别的蓝色的山。看来要继续以后的旅程，唯有先跨过这座外形奇怪的蓝山，她决定勇往直前。

于是山里的女子来到了水边，开始用她最熟练的动作，尝试要“攀过这个湖”。一开始，她弄不懂为什么会毫无进展，而且还把自己累得半死，只好再次集中全身的力量，更用力地“爬”，前脚接后脚，一步又一步，两手还拼命想去抓住那些“蓝色的岩石”，但终究是白费力气。她不停地往下沉，却一寸也前进不了。

山里来的女子几乎想放弃了，就在这个时候，她看到有个男子浮在湖面上，双手和双脚轻柔地动着，整个人便能在水上优雅地向前滑行。

“你在做什么啊，朋友？”他向她喊道。

“你看我像在做什么？”她满脸尴尬地回答，“我想攀过这个湖。”

“我的小姐呀！”湖里的男人答道，“你难道不知道湖是不可能攀过去的吗？在水里移动的唯一办法是游泳。”

“可是我是最棒的登山好手啊！”这位爬山女高手坚持说，“我一辈子都在学爬山。我可以登上任何一座山，可以征服任何一个高峰。我一定也有办法攀过这个湖。”

“我很肯定你是个优秀的登山好手。”湖里的男子很礼貌地对她说，“可惜爬山的技巧在水里完全用不上。你必须比山更强韧，你才能征服山——这是你登上峰顶所需要的智慧。如今你想越过这个湖，你需要的却是一套截然不同的技巧。你得重新学起——完全向水的力量投降，让它强过你，你不必再去用力。事实上，你愈不刻意用力，你会游得愈好。”

就这样，湖里的男子开始教山里的女子游泳。最初，她在水里又踢又打，弄得水花四起，因为她太习惯登山时的用力动作了。不过她的老师很有耐性，她慢慢地学会浮在水上了，让微风和波浪轻轻地带她向前，直到她终于彻底放松，不再使劲。

山里的女子由此领会：全然放松竟和奋力向前一样有力。

在我们学习去体验更多真实刹那的过程中，我们必须去熟悉另一些与已往惯用的“列表”、“设定目标”等生活方式大不相同的技巧；湖是不能用“攀”的。接下来，我要提供一些随时随地创造真实刹那的方法。

什么是真实的刹那?

什么是真实的刹那?你如何知道你已经拥有它?要出现真实刹那必须具备三个要素。

意识

真实刹那只出现在你有意识地全神贯注于身所处、手所做和心所感的时候。因为你用心，所以能看见许多平常不用心时所看不见的事物。用心时，意识里除了此刻的体会，别无长物。

联系

真实刹那只出现在你与某人或与某物灵犀相通的时候。这份联系可能发生在你和所爱的人、和某个陌生人、和你正靠着的那棵树或和上帝之间。有了这份联系，真实的刹那出现时，平日分隔我们的界限会消除，神奇的事物会发生。

我们称这界限消融的经历为“爱”。因为爱，你中有我，我中有你。

彻底交出自己

真实刹那只出现在你把自己彻底投入正在经历的事物，并且完全放弃掌控的时刻。你百分之百专注于正在做的事，不论是散步、做爱、烤面包或是看着孩子们游戏。你全心拥抱此刻，而不是抗拒。

当你想控制或抗拒某个情况或某种情绪，便不可能拥有真实的刹那。

如果我能为你列出一个拥有真实刹那的公式，这公式大概会像这样：

全神贯注于当下的经历或感觉；

打破个别分开的幻象，和你面对的人、事、物充分联系、交流；

然后，将自己全然投注于心灵的交流中。

现在，你应该正在享受真实的刹那了；

真实刹那在你日常生活里俯拾皆是……

我弟弟是个风帆好手，他感受过许多挺立风帆板上破浪而去的真实刹那。那些片刻中，他觉得自己和手上的帆、脚下的浪板，甚至四周的海水已融为一体。他把自己完全交付给吹拂的风和迎面的浪花，与海为伍；他觉得充满了生机，无限地满足……

我母亲则是在花园里享受到她的真实刹那。她对每一株新栽的花、每一寸待整的地、每一片摘下的枯叶都倾注全部的心意。她和一株株赖她得以营养、赖她得以绽放的七彩小生命相契、相通。她浑然忘我于指间的泥沙、湿土的香气，感觉大地借由她的手带来新生的甜蜜欢欣。

我带我的小狗，也是我最要好的朋友碧珠一起散步的时光，是我拥有真实刹那的时候。跟在它毛茸茸的小身体后面，我会变得对路边的花草树木或任何一点小声响都非常敏锐；我会与它轻松的节奏气息相通，感受到它的律动。它的需求，于是变成我的需求。我的心神完全投注在散步之中，不去哪里，也不做什么。碧珠提醒了我：或许人生的意义，不过是嗅嗅身旁每一朵绮丽的花，享受一路走来的点点滴滴。

最近我收到一张问候卡，我愿意和你们一起分享里头的话：

昨日已成历史；
明日还未可知。
此刻是上天的赐予（gift），
所以我们称它作“现在”[①]（the present）。

真实刹那只出现在你有意识地
全神贯注于身所处、手所做和心所感的时候。
而唯有全神贯注于那一时刻，
你方能得到那一时刻所带来的赐予、启示或喜悦。

①编按：英文present具有双重意义，可指此时此刻的现在，亦指礼物或赠予物。

第二章 世纪末的不安

生命一定有比“拥有一切”更丰富的内涵。

——美国童话作家及插画家森达克（Maurice Sendak）

我们是如何失去体验真实刹那的能力？有时打从心底不知名的角落涌上的焦躁不安，到底是从何而来？为什么追求心灵的满足总是那么困难？要找到这些问题的答案，要正确地进行我们的探寻之旅，得先从过去看起。

让我们假想你是一个来自18世纪的时光游侠。你将时光机器上的指针拨向未来，按下按钮。当机器停止，你看看时钟，发现自己已神奇地降落在20世纪的尾声。

你踏出时光机器，迎接你的是20世纪90年代的美国。你最先注意到的改变是科技方面的突飞猛进——汽车、飞机、电视、传真机、洗碗机、电脑，这些在你眼里都像奇迹。你不禁赞叹：“这儿的生活和我们那时候比起来，真是舒服太多了！”

急躁而漠然

但是当你走近你20世纪的亲戚身旁，你注意到很多让你困惑的事情。首先，人们不像在18世纪的家里那样亲切、愉快。他们彼此不打招呼，只匆匆擦肩而过，脸上的表情仿佛是有什么急事正要奔赴。你忍不住问一位路人：“发生了什么可怕的事吗？”他粗鲁地摇摇头就转身走了，只留下你还在兀自纳闷：怎么每个人都这么急躁而且相互毫不相干似的？

接着你看到街上和公园里，到处都是难民模样的人。他们脸上带着又饿又怕的表情，有大人，也有小孩，看来连睡觉的地方都没有。你猜想他们必是最近一次战役的降兵，他们的家乡一定是在很远的地方，直到你听到他们说着一口地道的英语，才发现自己错了。“怎么这么多美国人无家可归，住在街上？”你简直不敢相信，“而且为什么大家都像没看见他们似的？”

可是当你开始看到报纸、杂志，看到人们称为“魔术盒子”的电视，你才真正开始担心，因为从报纸、杂志和电视，你听到、看到：

> 根据今天公布的最新统计资料显示，在去年的一年里，有270万个儿童受到虐待或疏于照顾。

最新的调查发现，有43%的人若不是有酗酒的父母，就是有酗酒的配偶。

警方估计，在美国，每6分钟就有一位妇女被强暴，同时有3/4的妇女是暴力犯罪事件的受害者。

大部分杀人案的凶手都是被害人的爱人或亲戚，而不是陌生人。

新的研究显示，大约每两对夫妻就有一对会离婚；而不忠于婚姻的人，尤其是女性，有愈来愈多的趋势。

政府方面指出，打击犯罪的工作节节败退，政府并提议大量兴建监狱，以容纳愈来愈多的罪犯。

今天又有一起街头枪击事件，发生在中西部一个宁静的小镇。有3人死亡，4人受伤。根据目击者称，嫌疑犯并不认识被害人，唯一的杀人动机是：他们忽然觉得很想“干掉一些家伙”。

你被这些报道吓坏了：随时引发的暴力，父母殴打和诱奸自己的小孩，儿童谋杀儿童，数以百万计的男女用药物和酒精荼毒自己的生命，破碎的家庭，露宿街头的人，还有恐惧，无所不在的恐惧……“美国到底怎么了？”你难以置信地大叫，“这个社会怎么会变成自我毁灭？我们过去对美好未来的期待，都到哪儿去了？我们对富庶和平国家的梦想，到哪儿去了？”

你冲回时光机器里，把指针拨回你原来的年代。你祈祷自己不会来不及回去，然后你为自己的子孙掉下了眼泪，因为有一天，他们要降生在这样一个失落了灵魂的文明里。

险状百出

现在我们正站在21世纪的门槛上（本书成书于20世纪90年代），而我们的社会所展现出来的各种征兆在显示，它正处于一个感情和心灵都危机四伏的阶段。美国到底怎么了？我们的社会已经失衡到险状百出的地步了：

我们所享受的物质生活远比历史上任何一个文明时期都舒适，却同时也有更多的迹象显示，我们并不快乐。简单举几个例子，犯罪、虐待、离婚、毒瘾，都比过去任何一个时代猖獗，而且情况一年坏似一年。

我们借以控制这个世界的科技能力，还在以惊人的速度增长，然而怡然度日的本事，却似乎丧失殆尽。我们成长过程中以为一定不虞匮乏的那些事，如今虽仍热切向往，却都已是遥不可及的梦想：相守一辈子的婚姻，守望相助如一家人的街坊邻里，确信子女会过得比我们好……还有或许是最重要的——宽裕的时间，散步的时间，沉默的时间，享受辛苦耕耘收成的时间，无所事事或全力以赴的时间。

结果是整个民族都在拼命地找寻人生的意义，不时险象环生，却经常徒劳无功。我们这一辈中年人，小时候所熟悉的安全世界幻灭了，我们对愈来愈糟的治安问题失望不已；老一辈的人则缅怀既往，那时物质生活或许简单许多，但精神生活却肯定比较健全；而我们的孩子，他们将从我们手中接下这个汹涌狂乱的世界，恐惧、愤怒、消极、讥讽、玩世不恭，外加不再纯真，已然成为他们的共同特质。

我们的社会绝非是一个“每天都更美好、更快乐”的社会，而那曾经是美国人的梦想。

现在还加上地球本身的危机：地震、飓风、大火、洪水、酷寒的长冬、不停的暴雨，我们国家的躯干已失去平衡了。当然，科学家对这些现象自会有一套合理的解释，但如果你愿意倾听，你会听到大地之母正对我们哭喊求助。

有些人对这些现象已经太过熟悉，因而变得麻木不仁。就像我们那位时光游侠朋友一样，你读到了报上的统计数字，你看了电视的新闻报道，你或你所爱的人可能已经察觉到暴力、虐待、毒瘾、离婚或失业的阴影正逐渐笼罩。你知道我们的世界已不再是过去那个一片祥和、充满希望的世界。可是，就像我，就像我们每一个人一样，你只是转过身去，披上一层用“麻木”做成的防护衣，好让自己平安度日，不致被绝望打倒。可就是这麻木，它阻绝了我们对真实刹那的体验——偏偏这正是我们现在最迫切需要的。

只有靠我们不麻木，不背过身去，现代人的感情和心灵才能得救。当然，故事总有另一面，我们的国家也有很多美好的事物、雄浑的关爱之音、求变的力量，但是不够。我们的国家有难，我们这个民族也有难；首当其冲的是，你自身的幸福和你子孙的幸福。我们个人无法独力挽救整个社会的沉疴，但是我们能贡献更多的慈悲、关爱以及对自身及周遭环境的醒觉，一切将会由此而改变。

此刻的我们，较历史上任何一个时期，都需要更多生命中真实的刹那——对人类付出真诚关怀的刹那，与我们所爱和需要关爱者心灵交会的刹那，集中心志为众人疗伤、解困的刹那……只是很讽刺的是，此刻的我们也较历史上任何一个时候，都更难拥有生命中真实的刹那。在千年至福的极乐之境来临之前，这是我们得面对的难题。

拓荒者的血液

我们究竟是如何把自己的国家从立国时代的前程似锦，弄到今日这番令人沮丧的局面？如果我们开始了解美国心灵危机的历史根源，我们就能了解自身心灵的危机。

美国是一个充满了拓荒精神的国家。我们的祖先大都是从世界各地离乡背井、远渡重洋来到这儿，历经了无数精神上、肉体上和经济上的各种磨难。我们的历史是一部迁徙史，我们永远会受到山外那片未知天地的蛊惑，永远追求着更多、更好——多一点土地，多一点水，再富裕一点，再自由一点。

20世纪初的时候，我们已来到疆界的极限：没有更多的土地可以开发，没有更新的城市可以建立，没有更新的空间可以扩展了；不再有新的处女地，我们成了挫败的拓荒者；但是我们停不下来，因为这时我们已成为“嗜新成癖”的人了。这是家族性的癖好——从最先踏上这块梦土的祖父母，甚至曾祖父母开始，一直传到我们身上。它已根深蒂固在我们的血液里，我们无法自拔地要求更多、更好。

麻木阻绝了我们体会真实刹那的机会。

只有靠我们不麻木，

不背过身去，

现代人的感情和心灵才能得救。

于是我们渴求的对象从土地转移到事物上，我们开始无法抵挡科技和消费主义的诱惑；我们使所有事都办得更快、更有效率，使所有的产品更大、更精良；我们为如何生活、买些什么、穿些什么以及何谓流行，建立新规则；一旦没多久厌倦了这一切，我们便立刻打破这才由我们设立的“传统”，然后订立更新的典范。

美国经济得以起飞，靠的就是我们的喜新厌旧：老车即使还跑得很稳当，我们仍迫不及待要换新款；旧鞋即便还很好穿，我们也已等不及，要再买双跟儿更高的或样式不一样的；老电视其实还挺好，我们却按捺不住要买一部有更好的遥控器和更多功能的新机种；我们摒弃所有老旧的东西，和所有的新东西一见钟情。

“拜新主义”

追求进步是人类的本能。一个民族追寻并创造各种途径以求更舒适的生活，原本并不稀奇，这是所有文明的必经之路。然而，我们追求新奇和进步的步伐愈来愈快，这是美国独一无二的特色。我们当代文化一年内的转变，远超过欧洲或亚洲文化数十年的转变；而每当其他国家发现美国又有了热门的新花样，他们常跟着竞相丢弃古老的传统，张开双臂拥抱新潮流。

就这样，美国和她的“拜新主义”剧烈地改变了世界的面貌：蓝色牛仔裤、T恤、网球运动鞋、电影明星、摇滚音乐和汉堡——统统成了我们的文化输出品。你听不到美国青少年唱德国或意大利的流行歌曲，你没见到成千上万的美国人挤着去看法国最新的卖座影片，你也看不到打上英文字幕的巴西电视节目，但是相反的情况却每天都在世界各地发生。

最近一次去巴厘岛，我和我先生目睹了一场火葬的仪式。对当地人来说，这是一个非常神圣而欢愉的场合。当30个年轻的男子抬起放置死者的平台，我们惊讶地发现，他们身上穿的，竟多是印着美国摇滚乐团标志或名字的T恤。巴厘文化承袭自他们古老的传统，至今仍占日常生活中极重要的部分；但不知怎的，珍珠果酱（Pearl Jam）、史密斯飞船（Aerosmith）一类的摇滚乐团，却已悄悄地侵入巴厘农家神圣的火葬典礼。

自我放纵的年代

战后的婴儿潮在20世纪60年代暂时脱离了物质主义，向所有既定的价值标准挑战，奉行“随遇而安、及时行乐”的人生哲学。然而才不过浅尝了一下“今朝有酒今朝醉”，男的已迫不及待地换上了西装、束起了长发，女的则刮掉腿毛、戴上胸罩。我们淘汰了旧的福特车，换上崭新发亮的本田和丰田车，我们的老爹老妈欣喜若狂地看着我们回过头来向上一代看齐，满腔热情地回归美国社会主流。

从20世纪60年代末期开始，直到70年代和80年代，消费主义疯狂鼎沸。“要什么，就可以行什么”是我们的最高指导原则，而且我们深信不疑。我们向来是个醉心于自由思想的社会——我们很多人是这样被吸引来的。如今，政治自由和宗教自由已经不能满足我们，我们还要金融自由、性自由和情感自由；我们要尽可能地拥有一切、享受一切，尽可能地挖掘自我。

作为消费者，我们不可能有买够、投资够或借够了的时候。我们多幸运！科技进步的脚步也在这个时候达到巅峰，从电脑、传真机到大哥大、激光唱盘，新兴工业群起而生。我们准备拿什么来买这些新玩意儿？那简单！我们才装了满皮夹子的信用卡，还刚把房子拿去银行做了二次抵押。政府不断地印钞票，我们就不断地花。

在个人生活里，我们热衷于打破旧框架，更勇于尝试前所未有的个人自由，那份潜藏的拓荒精神在此表露无遗。“有话直说”和“各行其是”是我们的座右铭。在我们狂热地推翻旧传统时，开放式婚姻、露水姻缘和交换性伴侣也应运而生，而这份狂热，曾使我们告别故乡，奔向美国。

有些观察家称我们近代史上的这段时期为“自我放纵的年代”。我们希望更富有、做更多的事，活得更多彩多姿；我们开始有了“自我成长”这个词儿，还有成堆要帮助我们爬上最高峰的行业；我们可以加入健身俱乐部，锻炼完美的身段；可以参加研讨会或听录音带，以了解自己、激励自己；可以读很多书，以保证我们每一件事都做得正确无误。那些排行榜上的畅销书，教我们如何享受更美好的性生活，如何做更称职的父母，如何打得一手更精彩的网球，如何成为更优秀的经理……什么都能更好。

我们做得愈多，就愈明白要出类拔萃绝非一夕可成。于是我们买来各式各样的分类箱，研究如何管理时间，小心翼翼地为自己安排作息；即使是我们的孩子，也在体能训练课、曲棍球练习和电脑教室之间忙得团团转。他们也需要有儿童专用行事历来记下所有活动的时间。

或许我们太专注在手上的新玩具和要完成的新目标，不知道油尽灯枯的征候已悄悄浮现。一开始是很不起眼的征候：我们会忽然想起，有好几个星期不曾全家一起吃饭了；我们会看着日历，发现完全没有哪个空闲的日子或周末，可以让我们什么事都不做；还有，信用卡的账单愈堆愈高了。可是，我们一直都很开心呀！要放慢脚步？想都甭想！

只是很明显的，我们大部分人已经开心不起来了。为什么？我们一直没留意，如今得为自己的放纵付出代价了。天下没有不散的筵席，我们的狂欢晚会也不例外。20世纪70年代和80年代的炫目与贪婪过去了，此刻摆在眼前的是社会、心灵和感情上的巨大耗损。今天美国所遭遇的危机，正反映出我们所共同经历的——在政治、科技、经济和社会各方面的同时变迁，而我们为这些变迁所付出的代价，是折了翼的美国精神。

美国梦断

就经济上来说，20世纪80年代的后半期，真相终于浮现了。我们享受过一段挥金如土的痛快时光，现在终于到了付账的时候。你不必是财经专家，就知道这是什么状况——经济萧条、国家财政赤字，你怎么说都可以，反正横竖就是：我们全部都栽进经济大危机里，一个也跑不掉。

一部分的报应出现在失业问题上。失业并不是20世纪才有的新现象，可是这回令我们害怕的是失业的对象。怎么也想不到自己会失业的人，却被辞退了——高层管理人员、专业技术人员、经理。

四五十岁的中年男女还在应征工作，或出现在临时工介绍所，现在是很常见的事情。不少人在家里三个孩子才十来岁大，要缴房屋贷款利息，还背了一屁股债的时候，才惊觉自己做了十年或十五年的差事，突然无法继续了！这和二十郎当岁、一人吃饭全家饱的时候闹失业的情况，不可同日而语。大部分男人到了中年，都会希望不必再靠死工资度日了，不然就是盘算着早点退休，可以享受自己劳碌了一辈子的成果。如今却只能祷告上苍，让他们可以有份工作做到退休。

对许多更年长一点的人来说，曾经璀璨的退休梦已经褪色了。随着利率的直线滑落，老人们赖以度余生的投资，愈来愈不值钱。数百万60岁以上的老人，曾为退休后的“黄金岁月”仔细地打过算盘，他们每天工作10小时，为将来的好日子做准备，如今却发现不得不无限期地延后退休，才能挣得一口饭吃。

年轻人前途堪忧

我们的跛脚经济，对待二十几岁的这一代并没有比较仁慈。以往年轻人上大学时，最先想到的就是，有大学文凭会比没有大学文凭更容易找到更好的工作，现在则是能有工作就算幸运的了。我们的社会出现了一个全新的次文化阶层：一群戴过学士帽、穿过硕士袍的外卖食品送货员、餐厅跑堂和计程车司机。20世纪70年代的时候，大学毕业生还是全国主要企业争相聘请的对象。这种前程似锦的感觉，现在已经被前途未卜的忧虑所取代。他们不再延续世世代代笃定的信念：自己会比父母生活得更好。相反，严重的不确定感正笼罩在他们的心头。

而我们这批婴儿潮，如今也都有了自己的孩子，然而，却面对令人丧气的事实：将来我们的儿女很可能无法超越我们——事实上，如果能有和我们一样的际遇，就算走运了。我们看着孩子们卖力地找工作，我们敞开家门，好让他们为了省钱而搬回来。当我们眼睁睁看着他们为前途忧虑时，我们的心都痛了。记得在他们这个年纪的时候，我们坚信自己要什么就能有什么，谁也挡不住我们。

我们努力告诉自己：事情还不到最糟的时候，坏年头总会这样来来去去，可是当我们走出办公室时，徒步街头，看到满街的男女老少游民，饥饿、绝望地缩挤在寒风中。他们是活生生的见证——我们生活的这个时代，真正是一个史无前例的时代啊！不错，在这些露宿街头的人里，有的是酒鬼或犯过罪的人，但也有不少是单亲妈妈和失了业的飞机技师，或是因为父亲丢了做了15年的工作，家里又没积蓄，只好沿街流浪的小孩。经济危机的代价都刻画在他们的脸上。它的意义不仅止于失去工作、失去家园、失去机会，而且是失去了美国之梦。

即使是我们这些有工作且还付得起账单的人，生活品质也已大不如前，不如我们父母的那个年代，也不如我们的预期想象。大部分家庭需要靠两份收入来维持，意思就是兼职或全职上班的妇女比从前多。对这些职业妇女来说，和小孩或和配偶相处的时间、打理家务的时间、花在嗜好或其他兴趣上的时间，甚至洗衣服的时间，没有一样能像从前那样从容，因为我们都得忙着求生存。这股狂躁的行动旋风连小孩子也遭波及。他们受到大人的感染，看到做得愈多的人得到的也愈多，他们也学会了及早在几个星期之前，就计划好自己的活动日程。

心理学家罗斯门（John Rosemond）把这种现象称为“疯狂家庭症候群”。妈妈、爸爸和小孩全像赛跑似的，在约会、办公室、学校、会议之间冲来冲去，偶尔会停下来吃点东西，不过也很少能一起吃。家，原本是我们忙碌生活中一个宁静的殿堂，现在已经变成简陋的休息站，一个供洗澡、睡觉、换衣服的地方，可以随便抓到点吃的，然后赶快冲向下一个任务的地方。

科技冲击心灵

如果说经济上的灾难已经让我们的梦想失色，那么科技的突飞猛进也一样残害了我们的心灵。说来讽刺，带给我们这么多方便和娱乐，能在各方面使我们生活得更舒服的正是科技，但它同时也是造成我们心理上那么多不舒服的根源，而这些心理上的疾病，很不幸地已经变成美国的标志之一了。从这个观点来看，通信卫星其实是一种很可怕的武器，比任何一种恐怖的弹头或飞弹，都具有更强大的杀伤力。

拜现代科技所赐，我们从工业时代来到了资讯时代。我们对高科技的生活方式已习以为常，很少警觉到科技对我们的影响。最近我在收音机里听到一位社会学家提出的一项惊人事实：经由卫星、电视和电脑，你我每天接收到的信息量，是我们几代之前的祖先累计1000天才能接收到的信息量！意思就是，从前的脑袋可以用2.4万小时去处理的事情，现在我们的脑袋要在24小时内处理完毕。

过去几年里，我密切注意了波斯湾战役、波斯尼亚战争、佛罗里达飓风、中西部大水、加州和墨西哥大地震、美国警察和各种罪犯相互开枪等事件。几个月前，在一天之内，我看到了洛杉矶的疯狂暴动、香港的坠机、巴勒斯坦被炮轰、索马里快饿死的儿童。我只要按一下电视遥控器的按钮，就能亲眼看到所有在我个人世界里，一辈子都不会遭遇的惨事。即使用一生的时间，都难以抚平的哀伤，让我如何在一天里全部消化?

要是我们的祖先都能从电视上，亲眼看到第一枚原子弹投到了广岛的上空、法国大革命期间囚犯的处决、14世纪淋巴腺鼠疫的流行或是耶稣被钉在十字架上，不知会有什么后果。我们实在不能想象，若是祖先们能预见未来，他们影响我们命运的各种决定会受到何等巨大的冲击!

美国的精神熔解

只要目睹过任何一桩惨绝人寰的事，任何人都会感受锥心刺骨的痛，而我们这样日复一日接受这些惨事的疲劳轰炸，后果是什么呢? 我深信我们的精神状态都已到了严重超载的地步。人类的心智对压力的处理都有一定的限度，一旦超出限度，就会出现功能失调的现象，就像电流量超过电线所能负载时就会熔化，甚至起火燃烧。

让我们假想有一组人被关在一个房间里，墙上十几个喇叭一起放出震天响的音乐，无数个电视机分别闪烁着不同频道的画面，灯光明灭不定，连地板也在震动。不用多久，大部分人的情绪或行为就会出现很大的变化；他们会变得颓丧、疲倦，而且紧张；再过不久，他们就会露出敌意和攻击性；最后，这些人会变得很暴力，平时温和的人可能会开始互相吼叫，连平常最善解人意的人也会互相殴打。

这是怎么一回事呢？这些人的痛苦是刺激过度所引起的。科学研究调查发现，如果我们在精神上、情绪上或感官上，一下子受到太多的刺激，我们焦虑的程度会急剧上升。高涨的焦虑情绪需要发泄，发泄的方式通常就是敌意和暴力，这就像是我们的大脑在说："停啊！我受不了了。我快要爆炸了！"

我们每个人都有过这种经验，只是可能没那么严重。电话铃在响，炉上的热水壶在叫，小孩缠着你问问题，所有状况都在同一个时间里发生，你只觉得你好想尖叫。你的精神电路负荷过度了，你的暗自叫苦和诅咒显示你已经短路了。

在美国，我们每个人都忍受着精神熔解、情绪短路的痛苦。我们每个人的精神领域受到卫星电视、传真机、手机不断地侵犯，能让我们躲起来的地方愈来愈少。我们再也不能躲在自己的天地里，不管这个国家或世上其他角落发生些什么事。在这个全新的地球村里，我们必须忍受着连绵不断、无情的过度刺激。我们就像被判了刑，得终身监禁在不可捉摸但又真实的焦虑中。

持续亢奋

焦虑不只是一种精神状态，它能造成生理上极大的变化。我们的身体在经历恐怖或紧张的时候会亢奋——血压升高、心跳加快、呼吸急促，就好像我们的身体把它承受到的压力释放到全身去。或许不是每个人都变得很暴力或表现出很明显的敌意，但是持续刺激的副作用是：我们会对亢奋的感觉上瘾，只有更多的刺激引起不断地亢奋，我们才觉得自己活着。

看看最近几年流行的电视节目的趋势：《救援电话911》（*Rescue 911*）《紧急状况！》（*Emergency!* ）《天眼》（*Cops*）……这种称作“根据真人真事拍成”的节目，好像永远不嫌多。我们仿佛要看到所有的车祸、医疗急诊、英雄式的救援和戏剧性的缉凶，要让心绪亢奋时才分泌的肾上腺素不断分泌，才觉得痛快。

最近因应大众的耸动口味而新推出的，是《电视法庭》（*Court TV*），这是一个不断实况转播刑事和民事法庭开庭的频道。数以百万计的美国人每天从这个频道上，看着证人席上的被告、被控方律师追问得汗流浃背，或是受害人泪流满面地陈述着骇人听闻的受害经过。我们喜欢推测某人有罪或无辜，每天紧张地等待着每一个案子的最新发展。古代有爱看执行私刑的无知群众，我们是现代版，万头攒动等着瞧下一个被踢出来的倒霉鬼是谁。

诚如副总统戈尔（Al Gore）在《均衡之境》（*Earth in the Balance*）一书中所言：“就好比一个人若是成长在不健全的家庭里，他对正常人一定能感受到的痛楚，会故意情绪性地视而不见。我们这个不健全的文明也发展出一套使人视而不见的方式，使我们不致因感受到对世界的疏离而痛苦。”换言之，我们已麻木不仁。平凡生活里的情感已不足以激起我们的热情或令我们觉得生机盎然。

就这样，我们成了一个变态国家，我们会因灾难和丑闻而兴奋；观赏肢体或情绪的暴力，我们会觉得刺激过瘾；看着陌生人遭遇烦恼困境，竟也成了我们的娱乐。我们可以冠冕堂皇地说，那些《救援电话911》《天眼》等节目是在宣扬守望相助、和谐共存之类的家庭价值，然而我们在20世纪末的美国，怎么说都还是对各种令人震惊的事上了瘾。

最明显的，就是我们全国对“性”的着魔。不论是在杂志的封面上、电视节目里的一段情节里，还是一本“全集”的主题中，“性”对我们的吸引力胜过其他任何事物。记者葛伯勒（Neal Gabler）认为：“在我们的文化里，从流行音乐网到音乐电视频道，公开赤裸的色情图像愈来愈多，它反映出的是我们的挫折感——失去了纯真的挫折感。”“从政治、艺术、宗教、运动，甚至到人际关系，我们都看不到真心。”

美国失去了什么？

我深信，我们这个国家绝非麻木不仁；我们只是表现出所有受创后因压力而引起的失常症状；我们只是经历了多次重大的挫败后，还没恢复过来。

我们失去了对美国之梦的信心

我们不再能相信惯以赖之的事物。我们不再笃信：只要一生辛勤耕耘，必能衣食无忧；只要认真工作，绝不会因经济不景气而失业；只要受过教育，就有本事找到工作；只要遵守游戏规则，必得奖赏。“理当如此”的感觉已被剥夺，美国之梦也无由存在。

我们失去了“明天会更好”的信仰

有史以来头一回，大多数人不再觉得“明天会更好”。我们不再相信孩子们过得会比我们好；我们也不相信社会问题能改善，而不是每况愈下。即使最理想派的人，也较从前多了恐惧、少了希望。

我们失去了安全感

如今连身处往日淳朴的小镇，我们也不敢夜里出来散步了，唯恐自己被害，让犯罪统计又添一桩；我们开车时不再有安全感，唯恐遇到抢劫；单身的我们不再敢轻易和人上床，唯恐染上艾滋病病毒；我们害怕送孩子去上学，唯恐碰上沿街乱开枪或打人的疯子；我们不敢把孩子放在托儿所，怕他们遭到性侵犯；我们不敢让孩子自己骑脚踏车去同学家，怕他们被绑架。我们连待在自己家里都没有安全感了。

我们失去了避风港

我们不再有安全感，同时也失去了逃离生活压力和紧张的传统避风港。晚上出去走走，开车兜兜风或来一点儿性生活——这些曾经是我们用一两个钟头来享受自在人生、舒缓紧张情绪时常做的事，现在全都变成危险游戏了，做之前总要一再三思。我们仿佛身陷囹圄，成了关在自己家里的囚犯。

我们失去了心灵的隐私

那些一向把我们的生活和身外的世界分隔开来的疆界，都被侵犯了。卫星科技把一切的不可能变成可能，唯独“想躲开这世界的悲剧、逃离这个崭新地球村的骚动”成了不可能；想要“转台”，不要再听到周遭的任何新闻，很难；而拜手机和传真机所赐，“你们会找不到我”这句话已经从我们的词汇里消失了，不论我们走到天涯海角，它们都能教人无所遁形。

我们失去了与“敌人”之间的安全距离

从美国建国以来，美国人一直很清楚敌人是谁。曾经是英国，曾经是日本、是德国、是俄国——是一个远在地球另一端的国度、一个遥远的民族。随着冷战的结束，我们遥远的敌人都不见了。转眼间，威胁我们的家园、我们的财产和我们的家人的力量，不再来自海外，而是就在国境之内；带着枪等着取你性命的人，不再是远在天边，他就近在你家巷口！敌人来了——草木皆兵。

以上每一项单独来看都已是很严重的损失，把它们统统加在一起，对我们的精神和心理，更是一股威力强大、无可抵挡的破坏力。平常不论失去了什么，我们都会有一些紧张的情绪反应，现在面对这些多重损失，我们也有一样的感受——愤怒与无力感。

我们愤怒，因为我们受到过度刺激。

我们愤怒，因为一切事情原应渐入佳境，而不该每况愈下。

我们愤怒，因为我们一直努力要把事情做好，却好像半路杀出个程咬金，把游戏规则都改了，也没人来通知一声。

我们有严重的无力感，因为我们无法保护自己和我们所爱的人。

最大的受害者——儿童

在危机四伏的时代里，每一个社会都是从它最脆弱的一隅开始崩裂的。或许，暴力之所以在美国如此风行，正是那些自觉天生丧权的人，在感到最深的无力感后都做出了相同的反应；而暴行的肆无忌惮也或许正真实地反映了施暴者郁积的恚愤之气。我们每一个人都是这个时代的受害者，只是有些人由于起点不同，在先机尽失的情形下，当然也就比其他人更早溃不成军。

正如《新闻周刊》在最近一期的封面故事中所言："是谁杀死了童真？是我们自己。"在这个充满挑战的非常时期，我们大人已不免感到极度焦虑和失望，那些可怜的孩子们，就更难逃"在惊吓中早熟"的命运了。我上小学的时候，天大的烦恼就是，不知道会不会在体育课时被选进排球校队，或是艾米莉生日时不知会不会请我去她家玩；现代小孩的烦恼是：担心被杀！6岁大的孩子，就已有机会目睹同龄的小朋友死在沿街扫射的枪口下；初中、高中校门口要设金属侦测器，以确保没有人身上带着枪。童年再也不是过去的童年——没有了纯真，连“童年”两个字都称不上了。

别以为你的子孙不知道这是怎么一回事，他们清楚得很，他们可能比大人更能诚实反映自身的感受。最近一次普林斯顿调查（Princeton survey）访问了758个10到17岁、来自不同经济背景的青少年，得到了下面的数据：

56%害怕来自家人的暴力

53%害怕父母亲会失业

61%担心自己将来找不到好工作

只有1/3的受访者表示他们将来会比父母赚更多的钱

47%担心买不起房子

49%烦恼钱不够用

只有31%的城市居民、47%的郊区居民觉得夜里安全

1/6的受访者亲眼见过或知道有人被枪杀

早慧早忧

安全和信赖是童年生活的品质保证。有了安全和信赖，孩子可以从大人世界的残酷现实里隔绝出来，充满信心地学习和成长。如果我们的子女每天早上都在一个不能信任的世界里醒来，晚上则在令他们害怕的

世界中入睡，那么，他们之中有1/7的人有过自杀的念头，这又有什么可以为奇的？记者爱德乐解释道：“愈来愈多的孩子得在大人都觉得动荡不安的世界里讨生活——到处是不怀好意的陌生人、危险的性诱惑和神秘难懂的经济力量。”我们大人至少还曾有时间先学些应付的技巧，好处理我们所面对的压力。可是我们的孩子，能拿什么去面对压力呢？

我们不得不再谈谈科技，它是迫使孩子面对情绪危机的元凶之一。我们小的时候，大人会把生活里某些不愉快的部分给挡住，直到我们够大、有能力处理，才让我们去碰触。现在的孩子，每天从电视、电影里，接收大量不受控制而且经常未经检查的信息，他们知道得太多、太早。

平均每一个儿童小学毕业之前，已经在电视上看过8000桩谋杀案和10万件暴力行为。他已经清楚什么是性——包括性行为可以致命；他也知道许多和他年纪一般大的孩子遭受身体虐待或性侵犯，更懂得有些孩子流落街头是因为父母找不到工作。

我听过很多家长彼此谈到自己小孩如何地早熟，每一个听故事的人的反应都是：

“好聪明啊！”或是“天啊，现在的小孩子！”可是我听到了他们隐藏在笑声背后的紧张，所有的父母都在心里偷偷地问：“孩子们的天真无邪什么时候都不见了？我怎样才能保护我的孩子不会受到伤害？”

答案是：“你保护不了他们。”而这也是我们每一个人，不论有没有小孩，都在为下一代忧心忡忡的原因所在。少女怀孕、药物及酒精滥用和少年犯罪比率之高，美国是世界上数一数二的。事实上，让我们不敢出门、好像被囚禁在家里一样的街头暴力，大部分是身上带了枪的孩子惹出来的。我们的孩子和他们的父母一样，怒火中烧却尤感无力，而他们之中有很多人，并不像我们那样懂得克制自己的情绪。

哲学上有一个很重要的概念，“见识决定气质”，如果我们的孩子是在一堆暴力影像前面养大的，我们就不必对他们的暴力行为太过惊讶。而且我们总该知道，他们的暴力倾向、他们的出言不逊和无礼，还有偶尔在他们明亮的眼眸里闪过的迷茫眼神，其实都是他们求救的呐喊。他们迷失在时代的剧痛里，只有我们能为孩子们和我们自己，找出一条救赎之道。

美国，我们挚爱的故乡，正身陷重重危机里。我们不能再对她的呼救置若罔闻。然而，我们无法让时光倒流，回到一切仍旧美好的年代，去除掉祸根；我们不能、也不应该摒弃由科技和物质进步所带来的一切。那么，答案在哪里？医治我们和子女灵魂创伤的救赎之道在哪里？如今何处是我们的桃花源？我们该怎么做才能再让落英缤纷？

返璞归真

纵使眼前仍飘摇不定，我对未来却依然满怀希望。因为就在我们的身边，不论是价值取向或对成功的定义，我都看到了美国开始复原的明显迹象。

东方哲学告诉我们：物极必反。而今，在感受失衡已极之际，我们的意识正开始由自我放纵回归到自我发现的路途上，很多人已开始回归宗教与心灵实践。我们曾经以地位、财富和成就来衡量一个人的成功与否，现在我们看重的是一个人是否快乐，是否能得到心灵的平静。

我们开始重拾“返璞归真”的哲学，而不再执迷于“多就是好”。整个社会的走向都反映这样的趋势：我们丢掉细跟儿的高跟儿鞋和不实用的迷你裙，重新穿上工作鞋和宽松舒适的衣服；我们不再受新潮进口车的迷惑，只开实用的普通车和旅行车；我们回到盛着薯泥和肉饼的餐桌前，放弃对精致菜肴的迷恋。

科技不甚发达时代里的旧爱，再次成为我们新欢的同时，我们对豪华精致不感兴趣了。如今愈简单的东西对我们愈有吸引力——西部味道的服装款式，接近大自然色彩的服装颜色，美洲土著居民产制的首饰成为最新时尚，西部牛仔电影和电视影集则是我们的最爱——这一切就像我们企图把时钟往回拨，去寻回这一路上我们遗弃的拓荒精神之根源与价值。

同时我们也重新筑巢，希望能将科技从我们手中夺去的隐私感重新建立起来。我们外出的时间少了，待在家里的时间愈来愈长，不单纯是因为我们没有安全感，而是我们想要独处。在我们努力腾出时间，来重新思考“我是谁”和“我究竟追求的是什么”的当口，隐私是我们最强烈的需求。

21世纪即将来临，所有美国人也即将经历一次深邃的灵性蜕变，这次蜕变能使我们得到拯救。

数千年来，中国人有这样一种观点：

修身才能齐家，

齐家才能治国，

治国才能平天下……

此刻，我们比以往更需要真实的刹那，以重振疲惫已极的灵魂，并寻回人生的真谛。当我们的期待不断受到经济现实的挫伤，当我们的外在生活因无法控制的时空环境而不断受限，我们只有转而向内；只有内在的生命是无限宽广，不受任何拘束的。在那里，不在下一座山头上，不在下一桩丰功伟业里，而是就在当下，就在此时此刻。我们以完成生命的能力，找到真正的自由。

就这样，一刹那接一刹那，随着时光流转，美国终将回到老家的怀抱。

第三章 迷途

有一个寻求智慧的人，
花了痛苦难挨的三个星期，
爬上了一座高耸陡峭的高山，
他在山顶找到一位智慧的长者。
他问智者："如何能使我的生命更快乐？"
智者回答："首先，下次你要来这里的时候，
绕到山的另一面搭缆车上来。"

——雅伯（Gary Apple）

我们的一生都在追寻快乐，在这条寻乐之路上许多人都走得异常辛苦，因为找错了方向；我们绕开了能指引人生的真谛的直接经历，而选了一条最难走的路"上山"。

这一章提供了一个机会，让你看看自己如何错过了许多真实的刹那，在这过程中浪费了多少时间。如果能以开放的胸襟继续读下去，相信你会了解，你是如何阻挡了自己的路，如何不让自己去经历该拥有的宁静和完满。真实的刹那早就等着你，这是你去探索它们的第一步。

首先你要问自己这些问题，并谨慎回答：

什么东西能让我快乐？

真正快乐的时刻多久出现一次？

我怎么知道自己什么时候很快乐？

不切实际的期盼

如果回答这些问题不如你预期的简单，不必讶异！我们常常辨识不出生命中真正快乐的时刻，因为我们总期待一些不一样的东西——更大、更耀眼、更戏剧性的东西。

大多数人脑子里所描绘的快乐，总脱离不了我们从小到大根深蒂固的想法："愈大愈好。"所以我们对快乐存在很多不切实际的期盼——我们的心里有两个闪闪发光的金色大字：快乐！硕大无比的字，像天空里的一块大蛋糕，像一只金黄色的指环，像彩虹末端一盘灿烂耀眼的黄金。

于是我们被动地等候着快乐，仿佛上帝会在某一个特别的时刻里，让快乐降临在我们的身上。你刚刚生下了第一个孩子，精疲力竭地躺在那里，你想到的是："总算过去了，现在我该觉得快乐了。"你终于盼到了渴望已久的升迁机会，你要赶快回去告诉太太。在开车回家的路上，你想："总算可以不必再为工作担心，可以真正快快乐乐地过日子了。"你终于搬进梦想了一辈子的新房子，你到各个房间巡礼一番，你想着："终于啊！我终于有了属于自己的房子！今天晚上我一定会睡得很香、很快乐。"

可是万一你不快乐呢？万一你心里只出现了小小的三个字“还不错”，而不是你所期待的“大大的快乐”呢？“我怎么了？”你不禁狐疑，“我应该觉得大大地快乐啊，为什么现在只感觉到小小的快乐呢？”甚至你的感觉根本是另一回事——可能你其实感到疲倦，或只觉得还可以，或是什么感觉也没有。

我们都看到了，这就是误信“如果现在不快乐，那么快乐就在下一个转角，或者快乐就在下一个山头上”的结果。我们只知道，某一天那个伟大的时刻就会来到。到了那一天，你会清醒过来，然后说：“等等，有些东西不一样了喽。这是快乐吗？真的是快乐吗？哦，天啊，我想一定是了！我快乐了！我终于觉得快乐了！”

等待喜悦降临

在我成年之后，我“上穷碧落下黄泉”地追寻快乐，但总苦索不得。以前我总不明白自己什么地方出了错，也不明白为什么我的所有成就和种种经验，都不能让我的内心深处得到满足。直到4年前的某一天，一次经历给了我一些答案。那时我和我的丈夫刚抵达一个海边小镇，正要开始我们期待已久的假期。在那之前的一年里，我们俩几乎每天都加班工作，空闲的时间少得可怜。出发前几天，我就已经兴奋得每天在数日子了。

头两天过得很快，到了第三天傍晚，我独自在海边一条宁静的路上散步。海边的空气清甜而温暖，树上的鸟儿正对着向晚的夕阳，轻唱着柔美的小夜曲。我走着走着，忽然明白：从假期一开始，我就觉得有什么事情不太对劲儿。

“会是什么事情在烦我吗？”我纳闷着，“这里的一切都很完美。游泳、日光浴、做爱，所有我最喜爱的事情我都做了。我应该彻头彻尾地觉得快乐才对啊！”

然后，我突然开了窍。我一直在等待快乐，就像快乐是一种会降临到我身上的情景。如同小孩子闭上眼睛等礼物那般的兴奋紧张，我等待的是，快乐忽然掉到我头上，告诉我它来了。每天早上醒来我都要检查一下——我快乐了吗？心里头一个小小的痛苦回答：“不，还没……待会儿再来看看。”于是我一天里总要检查好几回，就像查勤一样：“好了，现在怎么样？我现在快乐了吗？”当然，答案永远是“不”。

我站在那条美丽的路上，有一句话闪进了我的脑海里：“等待喜悦的降临。”我知道这就是我当时的最佳写照。我期待喜悦来赶走心中的不满，等着喜悦来让我验明正身。我似乎需要上帝亲自下凡来宣布：“芭芭拉·狄·安吉丽思——恭喜你！你现在正式得到快乐了！在它消逝之前，好好把握享受吧！”

我把快乐预设为超出自己能力所及的情景，一种我可能遇上也可能遇不上的情景。当我去度假，我会很快乐；当我放松下来，我会很快乐；当我享受了一次很棒的日光浴，我会很快乐。当然，这意思是说，如果我度假不成，或是去得成却碰上连日阴雨，我一定会很不快乐，因为这些情况与我的预想完全不能吻合。

我等待快乐由外而来，而不是发自内心地快乐起来。所以我独自站在夏日的黄昏里，等着快乐宣布正式降临我的生命中。那一刻，我才了解，如果我不改变自己的生活方式，恐怕我只有永远地等下去。

这本书一开始我就说过：快乐不赖获得，快乐是一种技巧。快乐是你在每一刻所做的选择——选择如何体验当下时刻，快乐不是有一天你会忽然到达的一种境地。正因为我一心一意只等待喜悦大驾光临，以至于和许许多多真实快乐的时光擦肩而过。

这就是我们错过真实刹那的第一种方式——因为我们的想法错误，因此，真实的刹那永远与我们缘悭一面。

忧乐相生

我相信大多数人对快乐都存着一种误解，以为快乐是一种我们要到达的特殊境地，就像有一天我们会40岁，有一天我们会订婚，有一天我们能成功地戒掉一个坏习惯。当我40岁了，我订了婚，我戒了瘾，我就快乐；而事实却如同我在海边散步那天所领悟到的，完全不是那么回事。

快乐不是一种生命的状态，它是一连串真实刹那的组合。快乐的刹那并不会毫无缘由地来到，我们必须创造一些时机让这些真实的刹那产生，我们不能再逃避那些能带给我们发自内心喜悦的经验。

快乐不是一种生命的状态，意思就是我们不可能永远快乐。对于我们这些在“要什么有什么”年代里长大的人，这真是个令人非常失望的消息。我和我的同辈都曾努力抗拒过这个事实，所有痛苦、迷惘或不愉快的时刻，对我们来说都像踩了一脚的烂泥巴，必速去之而后快。我们尽可能避开任何不对头的感觉，万一避不开，便只好蒙着头冲过去，但求快快回到“正常状态”。

听说有外国人这么形容过：“美国人的毛病是，他们希望永远过着幸福美满的生活。”我无法否认这句话。我们太过醉心于一切完美，以致很难接受那些总是成双成对出现的事物——有好，必有坏；有成功，必有挫败；有欢乐，必有悲伤。

我这方面的毛病可能比其他人更严重。6年前，我始终将痛苦或难过误解为修养不够，那时我相信，只要生活得幸福美满，便会永远快乐无忧；而由于我并非快乐无忧，所以我的生活里一定出了问题。这样的误解使我长期生活在压抑和逃避之中。举例来说，我认为在某种人际关系中我应该很快乐，于是我不去面对其中的问题，不去处理常常引起争执的话题，甚至拒绝承认自己不快乐。就这样我错过了许多真实的刹那，尽管那些都是蕴含丰富意义和力量的时刻，但因它们并非全是欢乐的时光，我仍然躲开了。

快乐不赖获得，快乐是一种技巧；

快乐是你在每一刻所做的选择

选择如何体会当下时刻；

快乐不是忽然有一天你会到达的一种境地。

如果我们想求得内心真正的平静与纯真，我们必须面对一个事实——所有的痛苦、悲伤、不愉快，都是生命中时常出现、不可或缺的一部分。我们不可能永远快乐。心理学家荣格（Carl Jung）这么说过：

> 有多少个白天，就有多少个黑夜，一年之中，黑夜与白天所占的时间一样长。没有黑暗就显不出欢乐时刻的光明；失去了悲伤，快乐也就无由存在了。

想象你的孩子病了，你半夜还守在她的床边。她因害怕而哭泣，你轻抚她的头发，安慰着她，耐心地等着她慢慢退烧。在这不眠的夜里，你什么都不管了，全世界只有她是最重要的。你爱她爱得心疼，你们之间密不可分的关系让你觉得神圣无比。你快乐吗？当然不，但是你知道，这段经历意义不凡，而且深深触动了你的心底深处。没错，你正经历真实的刹那。

这是唯一的途径——学着去体会真实的刹那，一个接着一个，然后我们才有能力去体会快乐时光。

缺乏真实刹那时……

大多数人都有“真实刹那缺乏症”，从生活里经验到的真实刹那不够多。当我们患了“真实刹那缺乏症”后，我们的内心就会跟着缺乏平静、满足和喜悦。狗在欠缺矿物质的时候，会开始在院子里扒土来吃，以弥补对矿物质的需求。你虚软无力的时候，会渴望吃一块糖或任何甜的东西，好立刻补充血糖。同样的道理，一旦拥有的真实刹那不够多时，你会发展出不健康的需求或行为，企图借以填满心灵和情感的空虚。

如果你出现了以下的症状，很可能就是你生活中的真实刹那太少了。

你觉得要不停地做事

当你欠缺足够的真实刹那时，不舒服和焦躁的感觉会不断吞噬着你。缓解的唯一方法就是不停地忙碌，让自己专注在旁的事物上，好忘记内在的感觉。你可能会变成工作狂，一天工作12甚至14个小时，绝不松懈。“我真希望能休息一下，”你大声地强调，“可是这个计划需要的时间超出了我的预计！”当然，它永远会超出你的预计，因为你根本就是这样计划的。如果你是女性，你会是个救苦救难的活菩萨，24小时随时都在为朋友、家人、社区慈善活动或任何需要你帮忙的人服务。你还会抱怨：“真搞不懂我怎么会忙成这个样子！”答案很简单：你不曾向任何人或任何事说“不”。

假使你需要不停地做事，你自然会找到需要帮助的人，或需要着手去做的计划；即使你一直在嚷着希望有更多的时间去享受人生，你却绝不会挪出这样的时间。这里头有个玄机——得到赞赏和鼓励，尤其如果你发现自己颇有一番成就，又的确帮助了很多人，这会使你工作过度的倾向更加强化。

当我们活到最后一刻，如果我们真正地活过，

便不可能说：“我这一生都很快乐。”

我们最多可以说：“我的一生充满了真实的刹那，

而其中有许多快乐的时光。”

工作过度的人一旦闲下来，反而会显得很紧张。他们面对空寂会觉得很不自在，巴不得赶快把它填满。他们是那种在家里一天吸尘两次，或忙着为计划表做准备的人。他们没办法什么事也不做地度过一个安静的、没有事先安排的假期；相反，他们一定会看遍所有博物馆或每一个旅客必游的据点，或是读完5本书。倘若你是这一类人，很可能只要你在家，你的电视机或收音机就一定开着，因为你无法忍受一屋子的静默。

工作过度的结果会变成一个恶性循环：

你体会到的真实刹那不够多，所以你觉得空虚。

你觉得非得借着不停地工作来填补你的空虚不可。

当你不停地工作，你便没有空闲的时候。

因为你总没有停下来的时候，所以你体会不到任何真实的刹那。

你只好再以不停地工作来填补无尽的空洞……

恶性循环就这样永无休止地继续下去。

打破这个循环唯一的方法，就是停下来，创造一个真实刹那发生的

机会：夜里孩子们都睡了之后，关掉电视，和你心爱的人静静地坐着，享受这亲密的真实刹那；与其为每个周末煞费心机地计划，不如腾出20分钟到公园里走走，体会一下大自然的真正滋味；下次和朋友聚会时，不要事先安排任何活动，试试看单纯的相聚会带来什么样的真实刹那。

给自己一点时间，什么也不做，才能在生活里为真实刹那留出一点空间。

你上了瘾

不同的上瘾都有共同特征——它们使你对当下的一切全无知觉。取而代之的是，它们提供你的强烈感官体验，占据了你所有的注意力，或扭曲了你对现实的认知。你以为自己正享有真实刹那，其实不然，因为你上了瘾，不论是酗酒或吸毒，都会使你脱离真正的情绪，无法和周遭的人产生真正的情感交流。

渴求真实刹那的人往往会借由瘾头追寻短暂的快乐。瘾头上所感觉到的快乐，其实是来自某种物质或某种行为的刺激，并不能长久，当这种物质或行为消失的时候，你会感觉全身都不舒服、不对劲。你就是这样上瘾的，不断地需要刺激，而且需求量愈来愈高。

上瘾的现象普遍存在于美国社会，只是人们往往不知道自己已经上了瘾。我所说的上瘾，指的不是海洛因或古柯碱那类大家早有定论的毒品。我指的是一般大众都普遍接受的瘾——喝酒、抽烟、镇静剂、止痛药、赌博和色情，因为大家不认为这些是“瘾”，反而更容易在不知不觉中着迷而无法脱身。对于这一类的瘾，我们多半只称它为“习惯”。

我们对那些严重上瘾和那些不打紧的“习惯”有可怕的双重标准。一个父亲严厉地指责16岁的儿子嗑药，自己却握着一杯睡前必喝的马汀尼酒；一位国会议员正在感叹毒品掮客如何摧毁了国家的青年，一边正吐纳着他今天的第40根香烟；女儿在摇滚音乐会上偷尝了迷幻药，母亲对女儿失望地大骂，然后回到房里吞下一片镇静剂才上床。

不论是无可救药的酒精中毒或是一天要看10个钟头的电视，经常服用易上瘾的饮料与药物，或经常放纵自己于易上瘾的行为中，都能使人丧失正常的感官能力。你一定要尽可能戒掉它，并努力地从单纯的生活中感受振奋与欣慰。

你愤世嫉俗、消极悲观，喜欢冷嘲热讽

我非常同情喜欢冷嘲热讽的人，因为在他们轻蔑不屑和辛辣讥讽的盔甲之下，我看到的是，渴求真实刹那的寂寞灵魂。

当我们体会不到真实的刹那时，我们便难以看清自身存在的目的和真谛。失去人生的意义，我们便只能成天在一连串无意义的事件之中，无目的地来来去去。当我们再也感觉不到人生的意义，我们很容易变得愤世嫉俗，对一切都不再真心关怀。

愤世嫉俗的外表下，其实是痛苦不堪的内心，是对如今世界无望的愤怒。这种人通常对人对生活都不抱任何希望。想想在你周围的人当中，是否有抱持悲观或负面人生态度的人，观其眸子，你会看到一个受伤的灵魂。

如果你对于我们何以在此、该做什么完全失去了信心，你一定缺乏足够的真实刹那。唯有真实的刹那能为你的生命重拾意义，再创价值。

你完全为别人而活

一位老祖母独坐在自己的公寓里，整日守在电视机前，看无聊的连续剧和脱口秀。她盯着电话，期待晚上她的孙女会打电话来。每当从电话里听到孙女的声音时，老祖母总是非常开心——事实上，她根本只是为孙女偶尔的电话和来访而活着。回想起感恩节时，孙女来陪她住了三天，笑容便绽放在她的脸上。看看钟，她知道再过4个小时，孙女就会下班回家。“或者今天晚上我来打个电话给她。”老祖母这么决定了，“这个星期过得太平静、太无聊了。”

假如过去几年来，你最大的喜悦完全来自子孙或是配偶的成功和快乐，那么你自己的生命便显然缺乏足够的真实刹那，你完全是为别人而活。我说的不是不可以你所爱的人为荣，或是和他们在一起时觉得心情很愉快，我指的是不要让别人成为你生活的重心，而把“自己”丢到一边。

我看过太多母亲只为子女而活，子女成功时跟着欢喜雀跃，子女失败时跟着伤心难过，活着的唯一理由是子女，完全没有了自己。我也见过祖父母只为孙子而活，孙子是他们唯一爱的源泉，活着只是为了能见到他们、能和他们说说话。还有许多妻子只为丈夫而活，彻底放弃了自尊，以丈夫的成就为成就，以丈夫的社会地位为自我价值。

我们若没有属于自己的生活目标，就很容易会拿旁人的目标来替代。不过，找回自己人生的目标永不嫌迟——事实上，知道自己人生的目标才是长寿的秘诀。

读到这儿，如果你觉得心虚，那么很可能，这是你找回自己生命意义的时候了——放开你所爱的人，不要只为他而活，为自己掌握更多真实的刹那，寻回自己生活的目标。无论是为老人或医院做义工、认养孤苦无依的儿童或是到社区的育幼院帮忙，你都会有你独特的贡献，你的存在绝非无足轻重。

你爱批评挑剔

就字面定义来说，批评是指置身于事件或关系之外，去评断你的所见所闻。你看见有人在工作中犯了一个大错，你心想："这个大笨蛋！"你开车恰好跟在一位老太太的车后，她的时速只有25公里，你不耐烦得很，心想："怎么能发驾照给这种人！"

在你批评别人的时候，不可能同时拥有真实的刹那。

真实的刹那只有在你完全投入、打从心底去充分体会时，才会出现。你一定得和周遭的人或身处的环境交流融合成一体，因此你不可能置身事外。但是在你批评的时候，你与人、事绝缘，把自己抽离出来，于是你不可能拥有那段时刻中的真实刹那。当你放弃批评，创造出一个和他人真心交流的刹那，你已踏出真诚关怀的第一步。

在街头学习关怀

以下是我如何学会不再躲避真实刹那，以及如何了解关怀之力量的两个故事。

去年我决定换一辆新车，有天下午，挪出了一段时间去看车。在一个汽车代理商那儿，一位年约55岁的业务员同意让我试试那辆我中意的车。5分钟过去了，10分钟过去了，他还没找到那辆车的钥匙，我开始有点恼了；更糟的是找到钥匙之后，他又记不起解除警报器的密码，又得回店里去查。我那时非常恼怒，气他浪费我这么多时间。好不容易，我们开了车上路。没想到从展示场出来，才走了不到两公里，车子忽然在一个路口熄了火。

不论你几岁或身处任何环境，
你永远是独一无二的，
永远有你独特的贡献，
你的生命因为你的特质而有其意义。

“怎么回事？”我问他，“我动错了什么东西吗？”

“没有啊，”业务员也一头雾水，“可能只是热车没热够吧。”

然后，我看到油表的指针，油箱竟然是空的。“先生，”我冷冷地对他说，“这辆车没油了。”

“哦！真的呢！大概是师傅忘了把油加满了。”

这时我已经火冒三丈了。眼看着接下来的约会要迟到，我们竟然被困在这个交通繁忙的十字路口，还造成了大塞车。

业务员跑进附近的商家打电话回店里，找人来接我们，丢下我一个人站在街头。我盛怒至极，对自己找了这个大白痴来买车觉得挫折不已。“笨！”我骂起自己来，“我浪费了整整一个下午，就为了这个白痴不懂得先检查油箱。我简直是猪脑袋！”

10分钟之后，一脸尴尬的业务员回来陪我一起等。那天洛杉矶的天气挺暖和，业务员的脸红得像个胡萝卜，衬衫也被汗湿透了。我开始有点担心他会心脏病发作。或许也有点同情他吧，我决定和他说说话。

“我刚刚不是故意无礼的，”我搭讪道，“只是我原本该赶去赴一个约，现在整个下午的计划全乱了。”

“你千万别道歉。”他平静地回答，“这全是我的错。今天我因为一点私事，把事情搞得一团糟，我的脑袋简直不管用。”

那一刻，我知道我面临一个选择。我可以继续批评他，但对彼此都不好；或者，我也可以试着探触他的内心。我选择了后者。

“听到你说有烦恼，我很抱歉。”我说，“我知道我自己被重要事情困扰时，心神也是很难集中。”

这正是他想听到的话，让他有了安全感。“是因为我母亲，”他脱口而出，“医院刚刚打电话来——他们刚做了一个切片手术，发现我母亲已经到了癌症晚期，癌细胞已经扩散到全身。下了班，我就得去告诉她这个坏消息，我不知道我做不做得到。”

我感受到这个男人心里的伤痛，泪水不禁夺眶而出。难怪他这么心不在焉，难怪他没办法专心卖车给我。一时间，油箱没油、约会迟到和其他的一切似乎都不重要了。因为此刻我愿意和他共有这一个真实的刹那。我能理解他的行为，感受到他的悲伤，而且，领略到一个受用无穷的启示——容我改写一句美国土著居民的处世箴言：“在我们能与对方异地而处之前，永远不要批评。”

老爷爷开车

第二个故事仍和汽车有关。几个月前，我开车去赴一个重要的约会，在一段限速约70公里的路段，我前面车子的时速竟然只有30多公里。当时路面很窄，我无法超车，只能被堵在后面，跟着他慢慢走，一条街、一条街地慢慢走。我按过喇叭，希望前面车里的人懂得我的意思，但是没用。时间一分一秒地过去，我愈来愈觉得难以忍受。

最后，我抓住机会看了开车的人一眼，发现那是一位大概已有80来岁的老先生。“我就知道，”我恶毒地想，“有些老家伙实在不该再给驾照。”我正想对这位危险的笨伯伯出其不意地再按他一次喇叭，脑海里却突然出现了我爷爷的面容。爷爷在我19岁时就已过世了，我很爱他。他过世的时候，我伤心得几乎活不下去。我记得他生前最后几年身体非常虚弱，前列腺癌蚕食鲸吞他的身体，痛苦常刻在他满是皱纹的脸上。我忆起那时他有多么难挨——无私无我地奉献了一辈子，到头来健康走下坡，还得靠朋友、家人甚至陌生人来照顾他的生活起居。

从记忆里回过神来，我眼里含着泪，心中充满了全新的关怀。我知道前面车里的老先生很可能和我的爷爷一样，也是别人的老爷爷。他绝不是为了要激怒我而开得慢。他只是在最后的生命里，开车出来走走，感觉一下自己又多了一天。

看着老先生小心翼翼地在我前面开车，我在心里悄悄地对他道歉："亲爱的老伯，请原谅我刚才生您的气。"我默想："我很高兴您能活到今天，我知道对您来说，能自己开车出来走走，可能是您仅有的自由之一了。请原谅我那么没有耐性，原谅我想逼您走快一点。现在我知道，您已经尽力了……"

我松开油门，让自己配合着前面车子的慢节奏；我尊重他的步伐，也为他默默祝福。最后，他闪着方向灯转弯走了，当他的车消失在街角，我不禁向他挥了挥手。"再见了，老爷爷。"我轻轻地说，"谢谢您提醒了我……我思念您。"

这两次事件都是我生命中珍贵而真实的一刻。尽管都在意料之外，但也都因为我当时愿意暂停下来，仔细看看究竟是怎么一回事，我才有机会拥有这真实的刹那。当时我大可只顾着批评别人或诅咒自己的遭遇，而错过了这些时刻。幸好，我遵循了内心沉静的脉动，并不忙着评断那个当下，只先用心地感觉它，所以两次我都得到了受用无穷的赏赐和提醒。

为何闪躲真实刹那?

要为生命创造更多真实刹那的第一步，就是先确认自己是如何以及为什么要躲避真实的刹那。

当你学会不再逃避真实的刹那，
你会发现真实的刹那俯拾即是，
在最意想不到的时刻，
也能和你不期而遇。

我们因为太过忙碌或不够专心，而错过了真实的刹那

我们手边常常会同时处理两到三件事。你一边和朋友通电话，同时手上忙着开支票、付账单，眼睛还瞄着电视。这样你和你的朋友怎么可能会有真正的情感交流？不可能，所以你们也就没有真正的交流。

今天或明天，你观察自己一下。看看你有多少时候一心多用，同时注意好几件事，却无法充分享受或经历其中任何一件事。你在开车上班的路上，听着收音机，心里同时盘算一个很重要的计划，你没有好好开车，也没有好好听收音机，也不曾真正在计划。你不曾全心全意地做任何一件事情，于是你错过了开车的乐趣，错过了美妙的音乐，错过了对计划的审慎考虑。当然，你就错过了真实的刹那。

从我家开车到办公室得走一条下坡路，那是一条很宽很长的大马路，从山上直下到海边的公路道口。就在这山下的路口，有一个众所周知的红绿灯，它的红灯是出了名的长——每次从山上下来，如果不能正好赶上绿灯开过去，你就得呆坐在那里足足等上六七分钟才能走。

就在决定写这本书之后不久，有一天我和往常一样开车下山，心里祈祷着能让我刚好转过去，偏偏前面那辆车才过，绿灯就转红灯了，我坐在车上，恨死了每次都被卡在这里。我瞪着那个红绿灯，好像瞪着它，它就会变得比较快似的。我不断地看着车上的钟，计算着有多少时间被浪费掉，同时还记挂着在今天之内必须完成的每一件事。

但是忽然之间，我看出了整个事情的荒谬之处：我坐在这儿，眼前就是一片美丽的沙滩和海岸，太阳高挂在亮丽的天空上，海面上波光粼粼。每年有成千上万的人从世界各地专程来到这里，只为一睹这样的美景，而我却总是如此来去匆匆，无心于此美景，甚至对它视而不见。

我大半辈子好像就是这样过去了，每件事情都很努力地去做，却不曾用心注意过任何一件事。这个红灯不过是反映出我真正用心体会过的是如何地少之又少，难怪我决定写一本名叫《活在当下》的书，因为我自己就正需要读一读。

我一直对路口的等待厌恶至极。现在，我决定视之为上帝的旨意——在我走得太快时，它让我放慢脚步，提醒我多多用心：

“停一停，呼吸一下这新鲜的空气，看看这美丽的海洋，它看来像真是千年不枯、万年不变似的。可不是吗，这不就是你所居住的美丽的星球吗？你是多么幸运啊，可以每天走过这可爱的海边！活着是多么幸福的一件事啊！……觉得好一点了吗？好极了，来，我要把灯号换过来了……祝你有个愉快的早晨！”

这一天，就在这个路口，我领受了上帝给我的启示；就在灯号终于转变的那一刻，我也改变了。注意到自己从前很少用心的事实，我体会到了一个使我生活方式从此改观的真实刹那。现在，每当遇上山脚下的那个红灯，我总会微笑着说：“谢谢你，我是该停下来欣赏一下眼前的美景。”

有时我们逃避真实的刹那，是因为我们害怕

我们不用心，因为唯恐一旦用心，就会发现在自己心底某些秘密的角落，原来埋藏着好些让我们不愉快的事实。

很多年前，我和某人维持着一段令人非常不舒服、不满意的关系。我很爱这个男人，但是我们彼此并不适合。由于我不忍结束这段关系，我也一直不愿去面对这个事实，所以我把自己的生活塞满了各式各样的活动、计划，日夜忙个不停，没有周末，也没有假日。工作带给我极大的满足感，同时下意识里，我对这段关系不专注、不用心。

终于到了我们一起去度假的时候，不知为了什么，我决定不带任何加班的工作在身边。我们在一个不知名的小岛上订了房间。自相识以来，我们首次在整个假期中单独相处，没有预先设定好的计划，也没有工作可讨论，更没有任何杂务可分神。我还记得上飞机之前，不知怎的，胃痛得像里头打了个死结，但不久之后，我就发现原因了。

假期的第二天，我独自在一个无人的海边待了一整个下午。那个下

午充满了真实的片刻，我不能再逃避自己心中的实话——我必须了断这段关系。因为我一直害怕分手会带给他痛苦，会对我的生活造成极大的影响，所以在这个下午之前，我始终避免面对真相。然而，在那个小岛上，我对自己的诸多感觉再也无处可逃。

几个星期之后，我终于鼓足了勇气告诉那个我爱的男人：我要离开了。我常想，假如我不曾花时间去面对自己，假如我一直不敢去面对自己的真感情，我和他今天会是怎样一个局面？我们还会那样不痛不痒地在一起多久？如今，我们都愉快地各自成了家，也都找到了我们真正的归属。

有时，拥抱真实的刹那，放开自己的心胸去接受事实，的确需要很大的勇气。你也可以选择逃避、拒绝，只是一旦那样，你的生活便离你的内心世界愈来愈远了。

稍后我会分享一些创造真实刹那的技巧，但现在让我们先尝试一个试验——在接下来的几天里，全神贯注地做一件事情，不能有丝毫的分心。那件事可能是在开车的时候专心注意身旁的景物；或是准备晚餐时，专心想着自己正在为心爱的人准备一顿美食。

最近在一次飞行途中我尝试这样做。我要试试看在整整4个小时的飞行中，不读一本书、不看一部电影，只专心去体会“处在一个铁管子里，铁管子高速飞行在3.5万英尺高空”的感觉。我真的这样做了。整整4个小时，我坐在窗边看着陆地在我的脚下掠过。我亲眼看到小支流汇成大河川，看到旷野拔起成高山，再倏然沉降回平地；小城市、大都会和小乡镇，从空中望去全是一片祥和安宁。直到飞机落地的那一刻，我心中对这片国土油然生起了一份前所未有的热爱，满心宁静地踏出了机门。

真实的刹那横亘面前，有时真能逼得你无处可逃。
当你停下匆忙的脚步，抽出时间用心拥抱真实的刹那，
毋庸置疑，你将立刻面对自己所有的情绪、
秘密和不曾察觉的真相。

我们在自己和别人之间筑起了围篱，也挡掉了真实的刹那

很多我最珍视的真实片刻，都发生在我和别人真心交流的时候——我的丈夫、我的小狗碧珠、我的好友，还有许多第一次碰面的人。两人之间的真实刹那从何而来？答案是：“亲密关系。”

当人们之间的藩篱拆除，便是两心交会的时刻，亲密关系由此而生。我们大多数人都不易与人产生亲密关系，如果你有这个困扰，就不会渴望在生活中与人共创真实的刹那。你会觉得没有安全感，因为在真实刹那中，人与人之间惯有的藩篱将被拆除；而内心深处的情感若全部曝光，你会觉得赤裸裸地毫无保障。若在过往的记录里，你曾因允许某人进入你的心里而带来伤痛，那么往后你将更不容易无畏地敞开心胸与人亲密。

这是我们逃避真实刹那最普遍的方式之一——我们向恐惧屈服，然后逃避或拒绝亲密关系。你成了堆砌情感藩篱、建筑心防的专家。藩篱把痛苦挡在外面，连真实刹那也被挡住了——别人的爱进不来，你的爱

出不去，你们怎么亲密得起来？藩篱保护了你，但也形成了一座情感的牢狱，与人真心交流的快乐时光也因此和你绝缘了。

与陌生人交流

如果想要享有更多亲密关系所带来的真实刹那，你不必等到谈恋爱或结婚。别忘了，我们可是和60亿以上的人共同分享这个世界呢。可惜的是，有太多规矩规范我们可以与谁交流、何时交流才是恰当、可以交流到何种程度……这些规矩使我们错失了许多神奇的心灵交流和幸运的际遇。

在我们这个社会里，不认识的人我们称作“陌生人”，我们会刻意绕过他们，避免和他们发生任何关系。在电梯里不小心撞到人，你会立刻道歉，好像你做错了什么事。在餐厅里有人多看了你两眼，你马上会怀疑对方在暗示自己：丝袜可能破了个洞，或是领带上沾了脏东西，或是你怀疑那人是个精神错乱的家伙，而你就是下一个被跟踪的倒霉蛋。你很少会想到：“哦，那个人在看我，他想和我交朋友。”

凡从自己内心深处探索而得的，

必能使你得救；

凡留在内心深处不去挖掘的，

终能使你毁灭。

根据我们的“藩篱规范”，还能和陌生人交谈的话题是天气、体育、娱乐和闲话。你绝对可以和陌生人一起抱怨，因为你们俩同时在批评别的事情，这会令你们对彼此都有安全感。只要双方都尊重这道藩篱，彼此就不会觉得不自在。但是这样的交谈，使你们之间永远不可能有真正的心灵交流，你们也不可能共享任何真实的刹那。

假如你愿意与人分享真实的刹那，就能从陌生人身上多认识自己一些，这是熟悉的朋友通常办不到的。陌生人可以成为真理的镜子，反映出你所需要的真相。

在陌生人之间隐姓埋名所带来的安全感，使我们有勇气拆开自我的层层包装，让长期等待曝光的真实面貌摊在阳光下。我和陌生人有过许多十分美妙的真实刹那——在排队等待的时候、在小商店里，特别是在飞机上，因为我常旅行。让我和你们分享其中的一个故事。

机上玄机

那天搭上从旧金山飞回洛杉矶的班机时，我已经很累了。连续两天的演讲和电视录影，累得我不想再开口说一句话，只想利用这段行程静坐一下或者一觉睡到底。当我走到划定的机位前一看——邻座竟然是一个大约九岁、坐立不安的小女孩。“啊，不要吧。”我心里痛苦地嘀咕着，“别是个小孩啊！我没力气应付了。拜托拜托，最好是她坐错了位子。”可惜我运气不好，她没坐错位子，我也没有。

我一坐下来就开始动脑筋，心想怎样可以不用和她说话。“我可以闭上眼睛，这样她就不敢来骚扰我。”我想，“或者应该请空中小姐帮我另外找一个座位。”飞机还没起飞呢，我已经开始不耐烦了。

但是立刻地，我感觉到自己下意识的行为不对。“注意啊……”来自心底的声音提醒着我，有生以来，我曾一次又一次地体验到“宇宙中没有纯粹的偶然”——现在我会坐在这小女孩的旁边，冥冥中必有其道理；而我这一次的反应却是这么强烈，或许其中有更大的玄机等着我去参透。

于是，我开口向贝莎妮自我介绍。这小女孩似乎早就等着我开口，当她看出我的确有心和她聊天，便也开始毫不保留地对我诉说起她的故事。一开始，贝莎妮很兴奋地说这是她生平第一次搭飞机，她要去洛杉矶和她的父亲会面。她的父母最近离了婚，爸爸和其他兄弟姐妹都搬了去洛杉矶。贝莎妮本来有权选择和他们一起搬走，但她最后决定留下来陪妈妈。

“这一定是个很痛苦的决定。”我告诉贝莎妮，“选择和家人分开。”

“是很痛苦，但我觉得我妈妈需要我。”她神情严肃地解释给我听，“我妈妈那时候很可怜。”她告诉我，她母亲很年轻就结婚生子，现在觉得婚姻和家庭是她的束缚。

“她有很多男朋友，而且他们常常约她出去。”贝莎妮的语气略带自豪，“可是我不喜欢这样，因为我常一个人在家。”

“我猜你一定很想你爸爸。”我试着问，她的泪水立刻涌了上来。

“我好想他，也想其他人。我爸爸每天都会打电话来问我好不好。”

“你都怎么跟他说？”

“我都跟他说我很好，可是有时候我其实不好……”

我从贝莎妮的眼里看到迷惑和痛苦，那是9岁小女孩所不该承受的痛苦，我好心疼。她有超越年龄的成熟……她也不得不如此。我从她的叙述里拼凑出完整的画面——妈妈不安于室，爸爸打官司取得了小孩的监护权，因为法官认为妈妈不足胜任；但是充满爱心和同情的贝莎妮不忍心离开妈妈，于是她放弃了安定的新生活，放弃了父亲的保护，放弃了和其他兄弟姐妹一起成长的机会，只为了让母亲充分感受到有人还爱着她。然后每天晚上，她独自一人和保姆一起坐在电视机前，等待着母亲结束她和热恋对象约会后回家。贝莎妮得不断地告诉自己“我的选择是对的”，才能支撑自己渡过一夜又一夜的寂寞。

我的镜子

我们就这样一直聊下去。我告诉她，我11岁时父母也离了婚，当时为了决定跟谁，我痛苦得像被撕裂了一样；而由于我不能像同伴们那样有个完整的家，我一直自惭形秽，常常哭到睡着为止。“我也是！”她如获知音。我解释给她听，我如何在长大后体会出父母也不过是人，在他们大人的外表下，很可能和贝莎妮一样，其实还是个孩子。我试着让她了解她的母亲何以如此，也告诉她：母亲是大人而她只是个小孩，这并不代表她没有能力懂得母亲所不懂的道理。我建议她要让父亲知道她有多不快乐，不必担心会让父亲觉得有罪恶感，因为他应该要知道的。我也提醒她，无论如何她得先照顾好她自己，即使这意味着她必须离开妈妈。然后我还告诉她，我曾多么努力才学会爱自己，才懂得父母亲离婚并不是我的错，也才能为自己完成一些美好的事。

“你看看我长大之后，做了些什么！”我颇自豪地给她看了几本正好带在身边的书——我自己写的书。

“哇——真的是你吗？”她睁大了眼睛问。

“不骗你，真的是我。而且我还上过电视。”

贝莎妮差点从椅子上跳起来。“等一下……等一下……”她忽然大叫起来，“我看过你！是像欧普拉（Oprah）或杰罗度（Geraldo）那种脱口秀一类的节目，对不对？”

“是的。”

“哇，我的天，我的天啊，我太兴奋了！”贝莎妮开心地在椅子上跳上跳下。

“你知道我为什么要告诉你这些？我要你永远记住：你从哪里来并不重要，重要的是你要做什么。贝莎妮，你是个很特别且聪明过人的女孩，只要你愿意，你一定能心想事成。嘿，我能做到，你一定也可以。”

快到洛杉矶了。贝莎妮和我交换了电话号码，我答应寄一些书给她父母亲，也答应送她一份特别的礼物。她静了下来，小脸贴在玻璃上，静静地看着窗外的景色。

突然间，我猛然醒悟。怎么早没看出这其中的玄机呢？贝莎妮就是我自己！我刚刚在飞机上和9岁时痛苦不堪的自己聊了一个多钟头。我把当年渴望有人指点的道理，一股脑儿全说给她听，指引她走一条该走的路，和她分享我30年来所累积的心得。上帝把我安排在这个“小芭芭拉”的旁边，虽然是不同的境遇、不同的姓名，却有着同样受困的灵魂，我因此得为自己心灵的旧创疗伤止痛。

“因为遇见你”

有了贝莎妮这面镜子，我真切地看到自己战胜了过去的梦魇；看到自己多了一分谅解；更看清楚了自己的目标之一，是要将一路走来所学到的点点滴滴，分享给世上所有的大芭芭拉、小芭芭拉、大贝莎妮、小贝莎妮。我摇了摇头，不禁赞叹这一刻的完美。在飞机上，贝莎妮传递了一些信息给我，一如我指引了一些道理给她。在心灵上，我们情同姐妹。

就在这时，贝莎妮转过身来，泪眼汪汪地看着我。

“怎么啦？”我问。

“没什么——只是，今天是我最快乐的一天。”

“为什么？因为你第一次坐飞机？因为你再过几分钟就可以看到爸爸了？”

贝莎妮直直地看着我，然后带着灿烂的微笑回答：“都不是，是因为我遇见你……”

我得到过的所有荣誉、奖牌或全体观众起立鼓掌，都不及那个下午贝莎妮说的这句话对我更具意义。她不用多说，却已给了我最好的报答，这不容易啊！我们后来仍保持联络，最近一次的消息是她仍跟母亲住，但父亲则已搬回洛城，以便就近照料她。

我永远忘不了贝莎妮。她给我的，是一段最奇妙、最具疗效的真实刹那之一。那次碰面之后，我依约送了一只玩具熊给她，让她有个可以分享情感和秘密的贴心朋友。

当我知道她为熊宝宝取名作“芭芭拉”时，我流下了眼泪……

希望你们读这本书的同时，也在享受真实的刹那。

希望我能帮你找到一直潜藏在你心中、你却避而不见的情感和力量。

也希望我能为你剥开经年累月积下的层层不经心与不在意，好让你想起此生存在的真正意义。

我喋喋不休地告诉你这些，实在是我不希望你再浪费任何时间。你可能不觉得自己在“浪费时间”，因为事实上，你的生活可能已过得像是把40个小时的工作和责任都压缩在一天里似的。但是我所说的浪费掉的时间，指的是你没有好好去体验的时刻：你不曾细细品味和欣赏的当下；你漫不经心虚度的时光；你浪掷体会真爱、关怀和学习的珍贵时机；你以为全世界的时间都是属于你的，可以任你挥霍。

尽情感受余生

几个月前，一个朋友打来的电话让我心碎不已——医生刚刚宣布她得了癌症。我们在电话里聊了一会儿，但挂断电话之后，我仍久久不能释怀。那天晚上，我和我先生躺在床上，告诉他这个不幸的消息，也让他知道那一整天我心绪的强烈波动。我一直在想着这个和我年纪差不多的朋友，想到在这样的一个夜晚，她孤单地守在自己昏暗的房里，只有猫咪的陪伴，这会是什么样的感受？如果换成是我，此刻我一定在想着自己还有多少日子可活，如果我的癌症无法治愈，该要怎样度过这仅余的生命。

“要是我发现自己快要死了，该如何改变我的生活？”我边想边问我的先生。

“这要看医生估计你还能活多少年。”杰佛瑞说。

“我敢确定，我绝不会再浪费任何一天，我要尽情感受余生中的每一分每一秒。”

刹那间，我悟到了一个教人黯然神伤的事实：我和我的朋友一样，正一步步接近死亡，只是不是今天或明天，而是在三五十年后不远的未来。

为什么总要在即将失去一切的时候，

才懂得珍惜所有？

为什么总要等到恐惧和失落临头，

心灵才感觉悸动？

为什么总要等到配偶走出了大门，才明白自己原来多么需要对方？

为什么总要延宕我们想要的生活方式，以为全世界的时间都在我们的手里？

我们活在世上的时间是如此的短暂啊！幸运的话，我们大约有80年，也就是290,200天的时间，可以去享受生命以及生活。我们之中有多少人，在咽下最后一口气的时候，能够有资格说："我很满意我自己，也很满意所有我做过的事。上天赐给我的每一寸光阴，我都尽情享受过？"

往往，只有那些已经站在死亡门槛上的人，因为看得够清楚，而殷殷叮咛我们：生命中的每一天都是一份珍贵的天赐礼物。几年前过世的演员兼导演蓝敦（Michael Landon），在去世前几周接受访问时，分享了这样的信息：

活着的时候，最好能记住：死亡即将来到，而我们不知道它降临的确切时间。这能让我们随时保持警觉，提醒我们趁着机会还在，要尽情地活着。是该有人常常告诉我们：来日无多。然后我们才可能将生命中的每一天、每一分、每一秒发挥到极致。不论你想做什么，现在就去做吧！明日复明日，明日何其多……

我们不该再浪费时间、再逃避真实刹那，相反，我们应该努力去寻找真实的刹那，不必等到明年，不必等看完这本书，而是现在就起而行。这事一点都不难，因为：真实的刹那随时唾手可得。

我们不必大老远去找真实的刹那。它是如此的近在眼前，近得就像飞机上和你毗邻而坐的人，或是每天早上为你端来咖啡的小妹，或是遇到困难向你求救的朋友。

每当你决定专注于当下和眼前的时候，真实刹那就在那儿。

只要你给它机会，它将为你带来神奇的心灵交流和幸运的际遇。

第二篇 生活憬悟

第四章 自我重生

我在哪里？我是谁？

我怎么会在这儿？

这个叫作“世界”的东西到底是什么？

我是怎么来到这世界上的？

为什么没有人先问过我的意思？

如果我是被迫参加演出的，

导演在哪儿？我要见他。

——丹麦哲学及神学家齐克果（Soren Kierkegaard）

在人生的旅程中，我们总会经历到这样一段时间——不知怎的，觉得自己迷了路，失去了方向和目标，失去了依靠自我价值和信仰的能力，失去了享受无尽欢愉和喜悦的本事。我们像游魂似的穿过每一天，心里隐藏着无声的疑惑与不安，老觉得日子过得有点儿不对劲。可不管我们怎么费心去寻找心底那份不安的根源，却总是徒劳无功——我们正追逐着一个永远不会现身的幽灵。

我们尝试做更多的事，不断到新的地方，改变我们的身材和外貌，购买各种新产品或换个人谈恋爱，然后我们或许会暂时觉得好过些，但是过不了多久，不满的阴影又回来了，而且比前一次更强烈。我们不禁开始怀疑，是不是自己有了什么无可救药的毛病；也许这就是我们听说过所谓的“中年危机”；也许我们只是不懂得对已有的一切心存感激，并且永远也不觉得满足；也许我们命中就注定了不快乐。

自我的碎片何在?

我们究竟在寻觅什么？我们努力一片一片地找回失落的自我，因为失去了这些碎片，便无以体验真实刹那。

这些碎片怎么会散落？现在又在何处？

父母或是抚养我们长大的人，用他们对我们的期待换走了一些。

我们亲手交了一些给我们在乎的人和我们所爱的人。

另外一些，因为害怕别人知道我们的真面目，而被我们自己藏了起来。

还有一些是单纯被自己遗忘了的，只因为我们太过专注于达成某种理想形象——而不是做我们自己。

缺少了这些碎片，我们永远体验不到渴望已久的完整的自我和宁静。我们所亟须的真实刹那也因此难以出现。那么，我们该怎么做才能找回所有的碎片？怎样才能重返完整的自我？我们必须脱离长久以来就很熟悉但却不应恋栈的窠臼，回归自我的天性。我们应该扬弃牺牲奉献、压抑自我的生活方式，展开自由无伪的新生活。我们一定要让自我重生。

在美国，我们所惯称的中年危机，其实是不折不扣的心灵危机。

当我们到达某个年龄，不管是三四十岁或更高的岁数，总觉得应该有一定程度的满足感。若是这个时候还觉得自己生活得没有目标、没有意义，而且享受不到真实的刹那，我们会觉得很不满意、很不舒服。某个早晨，我们起身对着镜子，看着自己，然后发现我们并不喜欢镜里的那个人。原本希望所有曾经付出的努力汗水，能为我们带来心灵的快乐与平安，到头来却大失所望。一生所奉行的规范和信念，竟带我们走上空泛和虚无的成就。我们不禁自问："就是这样了吗？"这种情况常被曲解为"恐惧死亡""渴望重返青春年少"或"厌烦一成不变、毫无意外"，但这些解释都错了。这种情形所反映的，其实是灵魂的恐慌。

生命的目的指的是：你活着总会有个理由，总有些该是你做的、意义不凡的事情，你的存在是特殊且重要的。

生命的意义则是：每一个当下，生活里的经验都能为你带来满足和喜悦，让你充分感觉到"为这目的活下去是值得的"。

而一旦找不到生命的目的和意义，灵魂便失去了动力，生活也将失去支撑的力量。你的内心再也无法平静，日日夜夜不可遏抑地想抓住什么人或什么事物来填补心里的空虚。你还能呼吸吐纳，却未必真正活着，你错失了生命里真实的片刻。

重生的第一步

这或许正是你现在身处的状况，或许长久以来，你一直以为你的生活或和某人的关系能带给你快乐，然而事实上你却是束缚其中；或许你努力工作了许多年，好不容易坐上了某个位子，却突然怀疑这究竟是不是自己真正想要的；或许你以为生活应该无忧无虑了，因为衷心想要的东西都已到手，却不知为什么仍觉得不对劲；或许你已有好一阵子觉得心头不安，而且到现在都还不知道其所以然；也或许你还年轻，正在思考是否该放慢脚步，停下来好好想想，免得步入父母的后尘，重蹈上一代的覆辙。

要让自己重生，你要先问自己几个并不容易回答的问题：

我是谁？

我是不是自己想要做的那种人？

我这一生究竟做了些什么？

我快乐吗？

什么东西能让我快乐？

若要得到真正的自由，我必须改变些什么？

在你重生的过程当中，回答这些问题是必要的阵痛，能将你推向一种自由的新生活。提出并回答这些问题，需要极大的勇气。因为你必须认真审视自己内心常被忽略的方向，不能再逃避自己生命的真实面貌，你得勇敢面对自己的梦想。新生命的诞生从来不是一件易事，而崭新的生活会是你辛苦走这一遭的最大报偿。

唯有牢牢掌握着生命的目的和意义，

我们脆弱的心，

才可能忍受生而为人，

所必须面对的所有痛苦、剧变和挑战。

所以，如果你和我一样，正处于让自己重生的过程当中的话，你就能明白此刻的生命是多么的神圣、多么的刚健。一股脱胎换骨的力量紧紧簇拥着你，好像从背后刮起的一阵强风，把你推往该走的方向。就让自己随风而去吧！旅程中若因为速度太快而有一点害怕，也千万别掉头，别走回头路，勇往直前是唯一的出路。一如诗人佛洛斯特（Robert Frost）所言：“走完全程，永远是最佳的出路。”

迷途之处

我们从什么时候开始失去了自我？什么时候我们交出了自我的第一片碎片？答案是从呱呱坠地那一刻起。当我们还是小孩的时候，我们吸取身边的人的价值观和他们的信仰，将之变成自己的价值观和信仰。最先是从父母开始，他们在言语和行为之中，展现并传递了他们承袭自上一代的传统和信念。你于是学会如何表达或压抑情感，如何解决冲突，如何对待异己，如何付出情感，如何实践信仰，如何铺陈婚丧喜庆，如何教养子女，如何烹调食物，甚至烹调什么食物，如何摆设餐具，如何安排假期……还有数不完的项目。你并不是从课本里学到这些，而是在生活中耳濡目染地自然学会的。

大部分人的思想、行为、走路姿势、讲话方式、饮食习惯或喜好，都不会有意模仿父母的模式，但一切就是这么自然。如果不是旁人一语道破，我们几乎辨认不出其间的雷同之处。“别开玩笑了！”这通常是我们不愿置信的第一个反应，“我跟他们一点儿都不像。”或许对，或许不对。问题是，你们的确是那么相似啊！

我们失去自我的另一途径是：我们接收了来自父母的或其他社会团体的希望、梦想和期许，却不为自己的希望与梦想留下足够的空间，有时甚至一点为自己打算的余地都没有。你之所以从医，只因为你的父亲是医生，所以打从小时候起，你就注定了要当医生；你仍住在家乡，和父母亲上同一个教堂，只因为在你的家族里，没有人背井离乡；你上了大学，加入母亲当年曾参加过的姐妹会，为相同的团体担任义工，只因你那群高中死党每一个人都这么做；你23岁结婚，接着立刻连生两个小孩，只因你的哥哥姐姐都一样早婚。

当然，有些时候你自己的想法会和别人对你的期待不谋而合，但通常的情况则是，旁人的期许只会将你带到离自我、离梦想愈来愈远的地方。几十年过去，一朝醒悟时，突然发现：你成就了所有别人对你的期待，但那些却完全不是自己真心想要的东西。

若是你不认真检视自己的信仰——

如所有成熟的人那般，

剔除自己不想要的东西，

你就不算真正长大。

也许你完成了父母亲的心愿——当医生，但其实你从小就梦想着要做一个建筑师；而今，你已四十有七，整日恓恓遑遑、焦头烂额。也许你一直偷偷希望离开家乡，远赴美洲大陆的另一头；如今转眼数载，你已有家有小，动弹不得，哪儿也去不成。可能你一点儿都不想念大学，只想去学静坐、练瑜伽；眼前你却发现自己和母亲一样，嫁给同一类的男人、参加同一类的聚会，并且将自己的灵魂深深地埋藏起来。也或许你随俗地一毕了业就嫁人生子，如今才三十开外，忽然发现丈夫像个陌生人，孩子是累赘，你只想甩开一切，什么都不管。

未经深思而接受旁人的价值观，会影响我们的人际关系、人生哲学、工作伦理、对下一代的教育和我们对待自己的方式。难怪这么多人觉得生活里有些部分总是不太对劲，因为自我的真面目已经被一层又一层的“你应该”“你必须”“你一定要”彻头彻尾地覆盖住了。

适应社会的代价

想想美国普遍的文化意识，你就会明白，为什么会有那么多人如此汲汲地寻找归属感。这是一般人普遍的心理：不论在政治意识或社会意识上，都要以大多数人的是非观为依归；随时清楚什么东西正流行，什么东西已过气，什么是可被接受的，什么是禁忌。在这样的环境里，我们受教育的目的不在于认识自我，而在于学习适应这个社会。凡异于大多数人而与社会文化格格不入的，便注定要失败和痛苦。

我12岁的时候，长得一点儿都不可爱，也不是那种讨人喜欢的金发女孩，从没穿过合身的衣服，因为买不起。全校只有我一个是父母离了婚的。我戴的眼镜也是全世界最丑的一副，我跟所有的常态格格不入。

那时候，我参加一个每个月一次的社区土风舞社，地点就在我家附近的一座室内大球场。指导老师教我们怎么跳狐步，怎么跳恰恰，然后他们会让所有的男生在球场的一边排成一长排；所有的女生在另外一边也排成一长排，主要的用意是让每个男生走过去邀请一位女生当他的舞伴。

于是同样的事情每个月总要重演一遍：我总是眼睁睁地看着别的女孩子一个接一个地被选走，直到剩下我一个。然后，一个名叫马汀、满脸雀斑、满手是汗、很胖的男孩，从球场的那一头，蹒跚地走到我面前，在众目睽睽和全场窃笑之下，邀请我做他的舞伴。每当乐声扬起，马汀抓住我不情愿的手，我心里总在咒骂自己，为什么这么与众不同，为什么这么不讨人喜欢。我简直怀疑自己会不会有被大家接受的一天，我多么想尝尝受欢迎的滋味。

不久之后我尝到了。从初中开始一直到高中，我变成班上最受欢迎的人物之一，我终于觉得被大家接受了。然而我就和任何一个拼了命想得到别人赞赏的人一样，我害怕犯下任何社会所无法接受的错误，害怕因此而丧失了我的地位。于是我只和其他受欢迎的同学做朋友，不管他们是哪一种人，也不管他们到底是不是有趣、值不值得交往；至于不受大家喜爱的同学，尽管有些是我很想深交的，我一概略过。这其中不乏艺术家、音乐家，或经常静默一旁、不爱出风头、头脑却一级棒的人物。现在说来都觉得有点儿丢脸，当年的我已变成自己早年不被同侪接纳时，最痛恨的那种人——不愿和大家排斥的人做朋友。

离开人群，找回自己

如今回首那段日子，我对自己当时的作为深感后悔。我宁可错失有趣的朋友，也不能冒受众人排挤的危险。求得一份归属感、得到众人的接纳，对我来说太重要了，我甚至愿意为此交出自我，以换得几个肯和我做朋友的人。当然，这些朋友所认识的并不是真正的我，我只把我认为他们能接受的那一部分呈现在他们面前；其余的部分，我藏得很隐秘。

毕业时，我那群死党全申请了东岸的常春藤盟校，只有我一个选择了中西部的大学。没有人知道我为什么做这样的选择，我自己也弄不清楚怎么会决定去威斯康星州，去到那么远的地方，远离一切我所熟悉的人、事、物。直到去了威斯康星，我在那儿为自己无端莫名的饥渴找到了解答——原来，我要的是自由！我终于摆脱了多年来以“他人的认可”为名，束缚着我的所有人、事、物。有生以来第一次，我尝试着去探索自己究竟是个什么样的人，我踏出了重生的第一步。如果当时仍留在费城读大学，我可能永远也找不回我自己。因为在那其貌不扬的小女孩充满悲愁的心灵里，“做我自己”的需求，远不及求得一份归属感来得急切强烈。

所以，马汀，不论你现在在哪里，我都要对你说：请原谅我当年的愚蠢，不懂得其实你和我同是天涯沦落人，不懂得你原来也和我一样觉得受到排斥、没有面子。我真心希望你和我一样，已找回你的自尊，我也希望，不论现在谁是你的舞伴，当你执起她的手，她总是抬起头愉快地仰望着你。

只因为一个梦想、信仰、欲望或习惯不会得到赞赏、不合潮流、不被期望、没有人做过，或因为你不知道邻居、母亲或亲戚会怎么想，你就放弃，这就等于是把自我撕下一片，交了出去。你放弃得愈多，所剩的自我就愈少。等你想要找回自己的时候，你会发现，在层层叠叠旁人价值观的覆盖下，自我已经消失无踪了。当你不能确定自己是谁，那么不论是一人独处抑或与朋友相聚，你都不可能感受到充满意义、真实的片刻。

壮士断腕

当你为旁人而妥协了自己的梦想和信念时，你便如同交出了自己的权利。你的本意牺牲愈多，你的无力感便会愈深。该如何重新索回自己的权利？第一步，重新探寻属于自己的真理、属于自己的信念、属于自己的声音，把它们重新带回每一天的生活里。

婴儿自出生的那一刻起，脱离了母亲的子宫，那条曾以呼吸和血液紧密联系婴儿和其第一个家的脐带，也要从此斩断。必须要有壮士断腕般的决绝，婴孩才得以生存；一旦时机成熟，如果仍留在母亲体内，他便不能继续成长，除非他能及时破茧而出，否则曾经滋养他的地方很快就会成为毁灭他的所在。

从这个角度来看，让自己重生的意义便是壮士断腕，弃绝自我之内不再有营养的部分，摒除那些打一开始就非自己主张的信仰、价值和责任。这意味着你要和众人期待你去扮演的角色说“再见”，重新塑造一个你要做的自己。

诗人爱默生（Ralph W. Emereon）说：“追根究底，只有自我意志的诚实无欺是最神圣不可侵犯的。”在重回自我的路上，第一站就是真诚。

真诚就是外表和内心一致。你内在的实相——信仰、价值和行为，会完全无伪地反映你外在的生活中。你活得愈像自己，你的内心就愈能得到平静。

诚实地活着指的是：

不接受不合理的待遇。

勇于表达自己的要求和对他人的需求。

说出自己的道理，即使可能引起紧张或冲突。

所言所行与个人信念一致。

根据自己的、而不是别人的信仰做抉择。

活得不诚实是很费力的。内在的心意与外在的行为不能调和一致，对心智和情绪都是极大的耗损。

你可以想象自己站在一条河上，两脚分别踩着不同的船。一艘船上是你的信念，另一艘船上是你的言语行为，你就这样脚踏两条船地顺流而下。当然只要两艘船靠得够近，你仍安全无虞；然而只要有任何一艘船漂得远些，你就很难跨坐其上了。两艘船的距离愈远，你要同时稳住两脚的难度就愈高，而一旦距离远到超出你的驾驭能力，你就只有落水这唯一结局了。

放开依赖惯的安全感迎向新生活，需要很大的勇气；

但失去了意义的生活又何来真正的安全感呢？

冒险和刺激或许更安全，

因为激荡中才有生生不息，变异中才有万钧之力。

当行为偏离信念愈远，想要快活地过日子就愈难，你内心的紧绷情绪也会愈高涨；绷到极限，你于是无法灵活优哉。当这种情况到了一定限度，你的身心必然疲惫不堪，而会出现生理疾病、精神崩溃或情绪失控。

诚实度测验

以下是全面检验自己是否诚实的简易方法，你可以放下这本书后立刻开始做。

每一整点，检查自己在过去的60分钟内的言行，是否有失本意。

像放电影一样，将过去60分钟所发生的一切在脑中重演一遍，注意那些让你觉得不舒服的地方，把影片暂停，看清楚当时的情节。当先生对你发表尖酸讽刺的评论时，你是不是仍装作若无其事？当朋友批评某个你很关心的人，你是否沉默不语，没有辩驳？你是不是明知垃圾食物无益健康，且对自己承诺不去碰的，却仍忍不住吃了一些？

你会非常惊讶地发现自己每天背叛自己多少次——明明伤心，仍要装出微笑；明明想爱，仍裹足不前；明知不该，却仍答应去做亏心事；或明明满心不愿，却仍不敢以真面目示人。

我们假设你做过这个测验，发现自己平均每个钟头里，会有五次不完全内外一致。我们把这个数字乘上你每天醒着的时间（就算是16小时），得到的数字是90。每天90次的不一致再乘上一年365天，所得数字是32850。也就是说，你每年违背自己的价值和信仰达32850次，你的言行不同于你心中所持的意念，每增加一次，你的生理和心理所承受的压力就多添一分。

如果你已经45岁，人生的头8年我们不算入公式中，因为通常这个时期仍相当纯真，还没有学会世故或讨好别人，那么45减8是37，37年乘上每年32850次，我们得到的数字是1215450！你的一生中对自己不诚实、表里不一致的次数，已达1215450次。

这就不难明白，何以我们不到30岁，便对自己感到不安，等到30多、40多岁时，都已心力交瘁！如此一来，怎么会有真实的刹那！我们连自己都活不出真正百分之百的自己，又如何有能力去经历真实的刹那呢？

如果你从今天起，每个小时做一次诚实度测验，很快就会感觉到自己在生活的各方面，都开始调整得表里一致起来。你在快要背叛自己的时候会逮到自己，这时，你有选择的自由——选择诚实或不诚实。一个星期之后，你就会感受到比平常更平静、更坚强。然后，你将有能力品尝到真实的刹那，其实它们一直就在你身旁，随时等着为你带来欢乐。

就在我开始写这本书的时候，我因公事去了一趟纽约。一天下午，我搭的计程车塞在车水马龙的纽约街头动弹不得，计程车司机便和我开始聊起天来。当他发现我是个作家，而且正着手写一本关于过有意义生活的书时，他高兴地大叹："正是于我心有戚戚焉啊！"然后他开始告诉我他的故事。

一个运将的秘密

“你知道吗，我以前不是开计程车的，”他解释道，“我以前是做业务的。那时候当然也开车，不过一个星期总有大半时间是到外地，晚上都不回家。那段日子，我很少看到我太太和小孩，可是我赚的钱可不少哦，而且为了跟上公司里其他人，我很拼，业绩愈来愈好。我想那时候一定觉得自己熬出头了。你懂吗，我爸爸是做风管的，第二次世界大战前他16岁时从波兰来到美国，一辈子也没把英文学好，可是他有一双能干的手。我知道他一直希望我能过得比他好，所以我每次都穿得人模人样，开着车子东奔西走、和人家签约时，我心里其实蛮高兴的。

“可是大约是10年前吧，有一天，我那最小的儿子过马路时被车撞了。哦，他现在没事了，不过事发当时情况很严重，最糟的是我太太找不到我。我正在外地跑生意，一直到车祸的第二天，我才打电话回家。电话接通，我太太一听是我，整个人就像疯了一样。她说我们的儿子可能撑不过去了，而我居然在发生这种事的时候完全不见人影，她说她再也不能忍受这样的生活了。

“我立刻飙车回家——破纪录地开7个钟头的车就从俄亥俄州回到纽约。当我冲进医院的病房时，看到我的小儿子全身裹着白纱布、插满了管子躺在那里，我差点昏倒。我太太憔悴得像个鬼，我的小女儿在旁边哭个不停，那一刻，我悟到，我们一家人这样生活是不对的。我老是不在家，这是最大的症结，不是吗？当然啦，我们的物质生活过得挺好，我老爸也很以我为荣，可是我们并没有相依相系、休戚与共。老天啊，要是我儿子真的在我不在的时候死了，我怎么办？你知道，这是很有可能的。所以我当时立刻就做了一个决定——不管付出多大的代价，我都要回归我的家庭。

“我就在那个时候把工作辞掉，买了一辆计程车。很不可思议的转变吧，一点都没错！可是你知道吗？过去这10年可以说是我这辈子最棒的10年。我看到孩子们的成长，他们3个都很争气。我的婚姻也保住了，现在我太太是我最好的朋友，10年前我还真不敢讲这个话呢！我们也存够了钱，在纽约州的一个湖边买了一栋小别墅。房子不是很大，可是每个礼拜五都可以开车去度周末。我跟你讲，我每次坐在门口，看着外面的树和湖水，真觉得棒极了。你懂我的意思吗？”

我懂。我遇到了一个真正快乐的男人。他曾经迷失过，像我们很多人一样，然后他让自己重生，为自己找到了回家的路。

我告诉他，我为他的故事非常感动，我会把它放进我的书里，他兴奋地笑着说：“我太太一定不会相信！”

“请问，”我说，“如果要你从追求快乐的经验里归纳出一句话来给别人做参考，那句话会是什么？”

他沉默了一会儿，然后回答：

“你要快乐，就要对某些事学会说‘不’。”

“不”的力量

我确信老天有意安排让我认识这位司机先生，我那时的确需要学习“不”的力量，因为我是一直依赖着另一句座右铭生活——

“若要成功，你必须向所有挑战说：‘好，来吧。’”

我对所有找上我的计划说“好”，对所有的演讲机会说“好”；不论什么时候，我的秘书说要加一场演讲，因为可以帮助更多的人，我都说“好”；不管白天晚上，只要朋友需要协助，我都说“好”。我的电话经常在响，我的行程表从无空当。听着司机先生描绘着他的度假别墅，我简直想丢开一切，也去买一辆计程车来开！他依照自己的新价值观，将生活中重要的事重新排列组合，现在他的第一优先是享受真实的刹那，而所有不再对他有益的事，他一概说“不”。

我可以告诉你一句经验之谈——听来容易做起来难啊！说“不”的意思，可能是要你切断长久以来和你关系密切的人、事、物或想法；说“不”的意思，也可能是做一些别人不会赞成的决定。当然，说“不”的意思，更可能是在你还没建立起新的价值体系之前，就要你全盘放弃旧有的身份地位与价值观，然后你将有一段时期处于彷徨的新旧交接地带——你知道你已不是原来的你，但又还不确定新的自己是个什么样的人。

然而每一次拒绝、每一个“不”的背后，其实都隐藏着一个

“好”；当你拒绝再做你认为不对的事情时，你其实正是对坚定自己的诚实无伪地说“好”；当你拒绝和不能帮助你成长的人继续做朋友时，你其实已做好准备，迎接即将来到的新朋友；当你拒绝为业绩出卖原则与理想时，你其实正为一个新层次的自尊说“好”；当你对别人给你的次级对待说“不”时，你其实正对爱自己和保护自己说“好”。

如果我们想要重新发现自己，
想要过纯真无伪的生活，
就必须鼓起勇气，
对不再有益于我们的事说“不”。

回顾自己走过的路，每一次感情上或心灵上有重要的成长和转变时，一定都是开始于一声勇敢的“不”。

我的第一声“不”

高中的最后一年，我学会了运用“不”的力量。那是1969年，我们那所高中对于服装有一条很严格的规定——女生不准穿长裤，男生不准穿蓝色牛仔裤。每个人都觉得这规定很迂腐！冬天的气温有时会低到零下3度左右，所有女生却还必须穿着小短裙和厚长袜，僵冷地走在雪地里；男生可以穿黑色的和绿色的牛仔裤，唯独禁穿蓝色的。但愿当时不会有人以为我们学校的学生是一堆乡巴佬！我那时身为学生会的干事，曾经努力和校长沟通了好几个月，希望能更改这项规定，校长却是毫不理会，一点儿也不让步。于是我决定发动一次示威抗议。

此刻我已不复记忆自己何以会选择这件事，来首度表达我拒绝的立场。可能因为当时正值越战中期，眼看着我的好友一个个被征召上战场，我无力阻止，对一切都感觉无望；也可能因为我知道几个月之后，我就要离开这所学校去读大学，这儿的人对我有什么意见，我已经一点儿都不在乎了；也或许我只是厌倦了对什么事都说“好”，厌倦了小心翼翼讨好每一个人的日子。

示威计划悄悄地部署了好几个星期——在预定的那个星期五早上，我们全体女生会穿着长裤到校，男生则穿蓝色牛仔裤。只要参加示威的人数够多，学校不可能把我们全部开除的，我想。耳语在校园里散布开来，那个伟大的星期五终于来到了。那天一早，我按捺不住地想早点看到我们会造成的轰动景况；当然，你也就可以想见，当我发现大部分的同学在最后关头胆怯退出时，仍然依校规穿着正常服装上学时，我有多么震惊和沮丧。那天最后只有大约百来人有勇气向校规表示抗议。

第一堂钟声响起后约15分钟，校长宣布紧急集合。全校1800多个学生聚集在大礼堂。“很显然地，你们之中有些人不了解‘规定’这个字的意义，”校长平板单调的声音，在我的耳际嗡嗡作响，“我注意到今天早上有一小撮激进的同学，想要发起示威活动，抗议我们关于服装方面的规定。这种违反校规、破坏秩序的行为，我们绝对不能容忍。所有违规的同学，请你们回家去，换好了衣服再来学校，其余的同学照常上课。如果有人知道是谁在幕后策划指使，可以来见我或是副校长。”

以“不”获胜

现在回想起那时的情形，实在是荒谬得可笑——我们那位校长居然在我们要上大学之前，还死硬地想控制我们到最后一秒，而学生们竟然也怕成那个样子，全无勇气反抗；而我自己，觉得每一个原先承诺支持的同学都背叛了我。不过当时我可一点儿都笑不出来，我只觉得生气——气当权者不尊重我的想法，气我的朋友不能勇敢一点儿。

没有一个人因为这次示威抗议被开除，但我仍然为筹划这次示威而付出了代价。几个月后的毕业典礼上，老师们原本告诉我会颁给我的奖项和奖学金却一项都没拿到，另一个从不对校规质疑的女孩反倒囊括了所有的奖。

我还记得我当时戴着礼帽、穿着礼服，和其他三个学生代表会的干事一起坐在台上，听着扩音器里一遍又一遍传出另一个女孩的名字——不是我的名字，台下众人不断地交头接耳、窃窃私语。我简直可以听到家长们是如何以我为例，在教训他们的子女：“你看看，这就是不听话的下场！”

我不能说那个时候自己不伤心、不失望，毕竟我曾为那些荣誉和奖项付出努力。可是无论如何，我真正得到的却比那些奖重要得多：我发现了自己的声音，还找回了多年来为适应社会而深深埋藏的自我。由于我终于大声地说出自己相信的道理，我为自己的重生跨出了重要的第一步。

而末了，“不”的力量还是得到了最后的胜利。我毕业之后第二年，校服的规定终于改了，学生可以穿任何衣服上学了。这还不是最后的结局；高中毕业后第21年，也就是4年前，我收到一封母校来的信，信上说他们想把我放进学校的名人厅，和其他有名的校友如棒球明星贾克森（Reggie Jackson）等人排在一起，因为，套用他们的话——“我们以你为荣”。我打电话给我的母亲，我们在电话里足足笑了10分钟！我后来没能赶回母校参加那次的典礼，也没能在学弟学妹面前接受我的荣誉，但是相信我，如果我赶得回去，在同一个礼堂致辞时，我一定会说出21年前没机会说的话：如果教育能教我们重生为一个独立的人，而不是让我们去顺应旁人对我们的期许，那对我们会更有用些。

坚守信念

在我们走向完整自我的旅途中，重新发掘并坚守自己的信念是首要任务之一，由此我们方能诚实无伪地生活，并体会更多真实的刹那。以下是一个我很喜欢的关于诚实的小故事。从哪里听来的已不可考，但每有机会我定会重述。

20世纪初，俄罗斯帝国境内一个小村落里，住着一个犹太小男孩。那时候，沙皇的车队——哥萨克人，正在各地对少数民族的犹太人进行大规模的迫害。当每天市集最热闹时，全村的人都聚集在大广场上交易买卖，哥萨克人就会在这个时候，骑着高大剽悍的马来到市集上，打翻犹太人的货物、商品，接着宣布沙皇限制犹太人自由的最新敕令，然后骑着马扬长而去。

小男孩和祖父的感情非常亲密，他的祖父正好是这个村子里的老教士。村子里的犹太人都相信，他们的教士和犹太人的祖先亚伯拉罕或摩西一样睿智。小男孩每天都会陪祖父从他们简朴的家散步到市集去。哥萨克骑兵总是挥鞭而至，掀起漫天尘土，宣读当天的敕令："今天起，任何犹太人购买马铃薯！一次不得超过五个。"或是："沙皇有令，所有犹太人必须将他们最好的牛立刻卖给国家。"

每天，同样的故事不断重演——老教士和其他人一起听着沙皇的敕令，然后他向那些哥萨克人挥舞着他的拐杖，大声叫道："我抗议！我抗议！"然后其中一个哥萨克人就会骑着马过来，用马鞭狠狠地抽向老教士，临走之前还要吼一声："闭嘴，你这老蠢货！"老教士挨不住鞭子，就会倒在地上，他的教徒们会冲过去扶他起来，帮他拍掉衣服上的泥土，然后他的小孙子再搀着他回家。

日复一日，月复一月，小男孩惊悚地看着这一幕再三重演。终于他再也忍不住了，有一天，护送满身乌青的祖父从市集回家时，小男孩鼓起了勇气问：“亲爱的老教士，”小男孩的声音带着点微微的颤抖，“您明知道那些士兵一定会打您，为什么还要每天在他们面前抗议沙皇呢？您为什么不能保持沉默呢？”

老教士对孙子慈祥地笑道：“因为明知是错的事情，如果我不大声抗议，我就会渐渐和他们一样了……”

说出你所相信的真理——它定会带你一步步找回自己。

航向完整的自我

和旧日的自己说再见，心中应该始终存在爱。毕竟，生之过程也是始于9个月前的一次爱的行动。也因此，航向完整自我的旅途，不该是对你自身过往的否定和推翻，而应是对你今后前途的肯定与确认。这不应该是认定你生命中好与坏的问题，而是要找出什么因素对你有助益、什么因素使你停滞不前。你想开辟一条新的路径，并不代表走过的旧路是错的。你找到新的价值观，也不意味着旧有的价值体系便是陈腐无用的。

我们一定要学会说“不”，但不必把拒绝的事物当成是错的，而我们不曾早些拒绝，也不必然就是错的。

为了成长，当你必须对心所深系的人和事说“不”的时候，要做到不带批判地掉头而去尤其困难。有时牵系其间的感情是那样的强烈，你害怕无法在心中仍深爱的情况下离开，于是你企图扼杀那份爱，好让自己有勇气决绝而去。我看过很多人这样做——他们知道是离开的时候了，但情意犹浓，却要分手，总是令人伤痛，于是告诉自己种种理由让自己去恨对方，如果问题出在职业上，就恨那份工作。然后，离开变得容易多了，因为可以少去一份失落的痛苦。然而到最后，自己精心培育的爱也将被掠夺殆尽。

要改变你的生活，不必非得在过往里找到什么错误不可。你的改变可以是纯然的"时候到了"。

辞掉电台节目主持人的工作，是我碰到最为难的事情之一。那是一个每天在洛杉矶播出的节目，我连续主持了两年。在每天的节目里，我尽力解决听众打电话来提出的问题，节目做得非常成功。我和听众之间有一种非常特殊的关系——当他们遇到委屈不平，我会想保护他们；当他们有了成功的突破，我为他们欣喜；当他们遭遇不幸，我和他们一同哭泣。他们就像是我的家人，我也像是他们的家人。

一天晚上，我梦到电台改变经营方式，成为纯新闻台，并且解雇所有节目主持人。在梦里，我告诉我先生这事，而且我说："这样正好，我就不必辞职了，也没有人会怪我不再继续做节目了。"第二天早上醒过来，我还记得这个梦，当时我就知道我该歇手、离开这个节目了。

无畏无惧

我的梦透露出我的害怕——怕令支持我的听众失望，而且我是一直那么热爱这份工作，简直不能想象我会对用心经营了那么久的事业放手离去。如果我不喜欢这个工作，离开便一点儿都不难，但是我更清楚，继续做下去固然可以帮助更多的听众，对我自己却不再有助益。我盼望有时间能多写一些东西，多一些时间旅行，接受更多新的挑战，而这份电台的工作并不容许我这么做。

当我在最后一集节目里向听众道别的时候，我哭了，我的听众也哭了。我收到几千封信要我回去主持那节目，有些甚至责成电台，要求他们无论如何都要把我留下。我的办公室还接到好几通愤怒的电话，指责我背弃了忠实的听众。我默默地看着这一切，心底却很明白自己的选择是对的，因为尽管全世界的人都认为我该留下来，我自己却知道我的心已经不在那儿了。

这种遵循自我意志却激怒众人的事，不是第一次发生，当然也不是最后一次。愤怒的旁人要我留在原地，不是为了我好，而是为了他们好。于是我已经习惯了这一次又一次伴随新生而来的阵痛，习惯了因撕裂而带来的必然痛楚，习惯了牵扯着不让我离去的力量，也习惯了“如果你走了，我们就不再爱你”这类话语里的诱惑；而每当我跟着自己的心意走时，结果新生的我总会比想象中出落得更觉完整和自在，为我带来许多珍贵真实的时光的，便正是这一次又一次的新生。

1936年，洛克菲勒基金会总裁佛斯迪克（Raymond B. Fosdick）说过：

> 值得过的生活是冒险的生活，这种生活的最大特色是无畏无惧。不畏惧于旁人的想法……绝不会为了邻居而调整自己的步伐或目标。拥有自己的思想，读自己的书，筑自己的梦，只听命于自己的良知良能。随兴所至，众人或喜而近之，或惊而远之。而唯有过着冒险生活的人，才能在发现自己孑然一身时，依然无畏无惧。

我希望你们读到这一章时会觉得有点焦急——急着检查自己的生活，然后发现原来你对自己认定的价值标准并非完全诚实无欺；急着想做一些改变，想尝试一下逃避了许久的冒险；急着要去找回失落的自己；急着重拾遗忘已久的梦想；急着要得到更多无伪的真实刹那。

你知道，你可以不受任何限制地去做这些事情。你可以重塑你自己的生活，无须等待，现在就可以开始，放下这本书立刻开始。

如果我告诉你，创新生活并不需要辞掉你现在的工作，也不必离婚，更不用变卖所有家产搬到乡下去住，这样你是不是觉得舒服一点呢？创新生活可以是——以不同的态度和方式去面对同样的事情。可能是走另外一条路去上班，也可能是不必因为你妈妈每天下午5点半开始煮饭，所以你也非到了下午5点半才开始。就在今天，也或许是明天，你会碰到成打的机会去做不同的选择，给你那迷失的自我一个发声的机会吧；或者让你不为人知的那些面相露露脸吧。再不然尝试一下从前的你为顾及形象而不敢做的事——穿上以前不敢穿的衣服、说些从前不敢说的话吧！

你是谁？

在开始你的新生活之前，这儿有几个问题让你问问自己。我设计这些问题，希望它们能成为打开你心中隐秘世界的钥匙，而不是些有明确答案的简答题。仔细想清楚每一个问题，把它们深深地埋进你的心里，如同埋一颗种子到土里那样，然后耐心等待，让答案慢慢滋长、呈现，千万不要揠苗助长。

这些问题也值得你和你深爱的人一起深入讨论，或自己用纸笔娓娓道出。当你的内在渐渐转变，当你慢慢寻回更完整的自我，这些问题的答案也将随着改变。一旦你开始自问这些问题时，航向自我、航向真实刹那的旅程便起航了。问问自己：

一、我在哪些方面的表现并非出于自我意志，而只是承袭了和家人类似的行为与态度？（人际沟通、爱与情感的表达、卫生习惯、工作态度、政治信仰、心灵信仰等方面。）

二、我的家人如何对待或评断和我们不一样的人？我如何对待和我不一样的人？和别人不一样的时候，我觉得自在吗？

三、为了满足别人对我的期许，而被我牺牲、抹杀或耽搁的梦想和信念有哪些？

四、不论过去或现在，我有哪些部分因为害怕别人不能接受而隐藏了起来？我的哪些部分，甚至连自己都不认识了？

五、不论过去或现在，我如何为了迎合大多数人而妥协了自己的信念？

六、在过往的岁月里，有哪些事是我不十分情愿去做，却又觉得应该去做，而最后还是做了的？

七、此刻手边有哪些事是我不十分情愿去做，只因觉得应该做，而正在做的？

八、我有哪些生活上的习惯其实是反映着别人的信念，而非我自己的信念？

九、我自己的信仰和价值观是什么？如果我将它们百分之百地实践，我的生活会呈现出何种面貌？我身边最亲近的人会如何反应？

十、我是依着自己的意愿而生活，或是依着别人的意愿？我必须做什么样的改变，才能使我的生活更接近我想要的形式？

十一、我该怎么做才能找回自我被埋藏的部分，并重新在生活中实践？

十二、我必须舍弃什么东西，才算是真正的成熟？

十三、我快乐吗？什么事物能让我快乐？

十四、要获得真正的自由，我必须做什么？

一位自纳粹大屠杀中生还的作家，在改写一个古老的犹太故事时，以献给诺贝尔和平奖得主魏索（Elie Wiesel）的作品中写有一段话：

当你结束一生去天国，我们的造物主不会问："你怎么会找不到这件事或那件事的解决办法？你怎么没有成为民族救星？"在那重要的一刻，我们唯一要回答的问题只是："你怎么不曾做你自己？"

你是世间独一无二的。以前不曾有过像你这样的人，将来也不会再有；你一点也不是平凡无奇的；如果你觉得自己很平庸，那是因为你把自己最有特色的部分藏了起来，可能连你自己都已经忘记了这些部分的存在，因为你已经好久好久不曾见过它们了。

但是，听啊！那是来自你心里的声音，它们正声声呼唤着你，它们在哭喊着要唤醒你的记忆，要再次成为你的一部分。"放我们出来，"它们在你耳边低语，"我们能带你走上回归完整自我的路。"

你已听到呼唤，你已感觉到自己的变化，于是你知道，重生的时刻到了。是开始诞生前的阵痛的时候了：

把不再有用的东西，
从你的心里统统清出来，
为重现的灵魂留出空间，
然后放开心胸自在行走。
记着：该怎么做你已了然于心，
怎么走来的，就继续怎么走下去……

第五章 工作与差事

你的任务是要去找到你的天职，

然后，将你自己全心奉献在工作上。

——佛陀

不是只有在周末才碰得到真实的刹那。它们不会专为特殊场合而保留，不像有些衣服只在周六晚上或节庆场合才穿。真实的刹那不受限于海边的散步、清晨的单车运动或和深爱的人温柔拥抱，它们遍布在你生活中的每一个角落，当然也包括了你的工作。

你每天醒着的时间，至少有一半是花在工作上，不论这工作是得踏出家门，如业务员；或就待在家里，如主妇。假如工作不能给你快乐，这段时间可就十分漫长了。这就是为什么这么多人每天下了班回到家，或做完了一天的家务事，看起来就像是给大卡车碾过似的不成人样。做一些你觉得很无聊的事是特别累人的，尤其是你知道，第二天你又得再做一遍的时候。

一天的尽头，你枯坐在电视机前，握着遥控器从一个频道跳过另一个频道；你打开冰箱，无意识地盯着冰箱里的东西；你下了班，还没回家就先到路口的酒店去，你说要喝点东西，好“放松一下”……你知道，这是你饥渴的灵魂在作祟。你真正要找的，不在任何电视节目里，也不在冰箱的食物盒里，更不在啤酒杯的杯底。你的灵魂是如此饥渴地想知道：你投入工作的宝贵时光并没有虚度，不仅是举足轻重，且有其无可取代的价值和意义。

心灵饥渴的时候，如何能欢欢喜喜地回家和妻子分享心中的爱意？如何能充满激情地拥抱你的丈夫？又如何能在夜里甜梦深眠？

找到真正的天职

有时候我们觉得很难找到真实刹那，关键就在我们的差事。你如此看待自己：“我只是个超市的柜台出纳，这个差事怎能满足我的心灵呢？”答案是：这个“差事”（job）的确不能保证你能享有真实刹那，但你的“工作”（work）却可以。

你的肉体仰仗着“差事”才得以存活，“差事”是保证你和家人糊口的家伙，它是你所选择的一门专业，是你所培养累积的技能。

你的“差事”可以是一个油漆匠、水管工人、电脑程序设计师或是一个考古学家。

你的精神依赖着“工作”才得以延续，那是使你的灵魂得到饱足的主要食粮。它是你在这里所要学习获得的启示与智慧，是你这趟地球历险记的藏宝图。

你的“工作”就是你人生的目的。

而你人生的目的是：学习如何待人以诚，学习如何自重并包容自己的不完美，学习宽恕，学习勇敢，学习信任，学习爱。

灵魂的粮食是
喜悦、爱和赞美欢庆……
享受不到真实刹那的工作，
会使灵魂枯竭、饥渴。

工作的另一个说法是职业（vocation）。很多人以为“职业”这个词指的是你现在的工作职位，或是你所选择从事的行业。实际上，这个词是源于古拉丁文vocatio，原意是一种召唤或使命感。所以“职业”这个词正确的解释应该是指适才适性的天职。

“上天派给你的工作”

每一个人在这世上都有一份使命，这份使命会对世界有其独特的贡献，值得我们与所爱的人及一起生活的人共同分享。你的使命就是“上天分派给你的工作”。上天派我们来做什么样的工作呢？

与他人亲切相待。

保护地球。

尽情享受上天所创的神奇天地。

珍惜我们在世为人的时间，不断学习。

爱己爱人，接纳自己也接纳别人，如同上天爱我们那样。

随时记住自己是谁。

你不必为上天安排的工作做任何准备，也不必通过任何资格检定。你生而为人，有形有体，就表示你已拥有这份工作。至于如何把工作做好，那是“在职训练”的事。

你若不知道自己人生的目的，或不知道自己真正的天职，你很可能会憎恨你每天要上的班，或是觉得入错了行。因为你会期待这份工作能饱足你的灵魂，但其实它不能，上班就是上班。当然，有些行业会较其他更适合你一些——你有责任为自己找到最能乐在其中的一行。但是光就你所认为的“平庸”“无聊”“毫无魅力”这些原因，并不能构成“你不能好好完成天职”的借口。要有目标地生活下去，不必非得做个牧师、老师或作家不可。

记得我那位司机朋友吗？他的“差事”是开计程车。他的“工作”、他的使命则是要和家人及所有他遇到的人分享爱，并且要随时记住在这样的生活中，什么才是最重要的。就我遇见他时所看到的，他显然在“差事”与“工作”两方面都做得很成功，而他正是在做他的差事时，完成他的工作与使命。他是如此地以诚待我，为他的差事赋予了丰富的意义。

香奈儿公司创办人香奈儿（Coco Chanel）曾说：

> 当一个人只立志做大人物，而不立志做大事后，使人不会再去关心他的损失有多少。

一旦你找到了属于你的使命，你便随时都可以为它努力——不论你正在盖房子、卖鞋子、正在为家人煮晚饭或教儿女做家庭作业。你可以在任何地方为它效劳——在店里、在电话上、在街头……甚至在计程车里。

从长处找起

我们每一个人都有一种属于自己的天职，而不是只有教师和传教士才有。我没办法告诉你，你的天职或真正的使命是什么，这有待你自己去发掘。事实上，这就是你第一阶段的工作——你得找出自己的人生目的、使命和天赋。不过我可以给你如何起步的提示：从自己的长处着手，那些使你与众不同的特色或能力，很可能就是你的天职所在。

也许你与众不同之处就在于你的文字表达能力，或是你安抚人心的力量，或为其他人带来欢乐的本事，或是善于将各种状况化繁为简。也许你的天赋是你的嗓音、有力的双手、美感鉴赏力或总是能看到别人优点的一颗慧心。如果你实在不能确定自己的天赋是什么，去问问认识你的人。许多时候，旁人会比我们自己更早看出我们的天赋和使命。

宇宙中万事万物都有其存在的目的，壮翅之于大鹰，使其能翱翔天际；颜色之于玫瑰，使其能招蜂引蝶；我们的身体每天都需要数小时的睡眠休息，一如地球每天总有数小时转离太阳——我们的光热之源，而当我们再度活力充沛时，阳光也将再次普照大地。从天体的自然运行到人体的血流经脉，物理世界的每一个环节都反映出有一个更高层次秩序的存在。

你是宇宙的一部分，你是大自然秩序中的一部分，你的存在和你的本质定有其道理。你之所以为你，冥冥中自有目的。上天赐给你独特的禀赋和能力，好让你能完成你独特的工作，这其中全无巧合。

你的羽翼已丰，正好足够圆成你的人生目的。

金钱并非唯一标准

为什么这么多人对自己的使命浑然不知，而拒绝承担天职呢？因为我们误以为唯有努力赚大钱，才不枉一生的精力与时光。我们贡献一己的心力，却以所得的钱财作为世界共通的、衡量报偿的唯一标准。

留心自己爱做些什么；

留心能带给自己快乐的是什么；

留心能使自己感觉平静的是什么；

你的天职就在那儿，等着你去拥抱它。

我有一个朋友在一家大公司里当经理，每天要面对处理不完的公文和开不完的会。他的薪水不低，但他觉得没有什么成就感。真正能满足他的，是他自称为“外务”的活动——和中低收入家庭的儿童在一起。10年来，他是无数小男孩的义工大哥哥，每逢周末教低收入社区的小孩子打篮球，每年为贫穷儿童的露营周筹款也不遗余力。

最近我们通了一次电话，他告诉我，他正考虑辞职。“我觉得我对公司而言，好像是可有可无，对社会也没有什么贡献。”他抱怨道，“我想我应该再回学校进修，然后去当个辅导员或老师。我已经37岁了，而我的工作不能给我一点快乐。”

“可是你已经是辅导员、是老师、是篮球教练了啊？”我提醒他，“只是你都不曾在这些工作上拿钱而已。如果这些工作是可以赚钱的，对你会有很大的差别吗？”

我的朋友一时哑口无言。因为他不曾以辅导员老师等职得到过任何金钱方面的报酬，所以他一直不觉得自己其实活得很有意义。他以为他在那家大公司的职位才是他的正业，而为孩子们做的一切不过是兴趣消遣。事实上正好相反——他为孩子们做的一切才是他真正的专业，而白天那份让他得以谋生的差事，不过是业余消遣罢了。

“所以你的意思是，我现在的状况没有什么不好，”他说，“需要改变的只是我自己的看法？”

“对。”我同意，“如果你觉得能让你好过一些，你不妨这么想：

你在公司里的那份差事，是让你有能力维持日常开销，然后可以无后顾之忧地完成你的使命，去做那些孩子们的守护天使。”

你可能和我的朋友一样，拥有一份与天赋使命不太相关、甚至毫不相关的差事，其唯一的功能就是解决你生活上的财务问题。你可能是一位执行秘书，但是你真正的工作是组织教会的唱诗班；你可能是一位会计师，但真正的工作是养育你的孩子；你或许经营房地产生意，但真正的工作是鼓励你的朋友，使他们能发挥所长。

在生活中实践

要让别人知道你真正的工作是什么。下次如果遇到新朋友，当他们问你：“在哪儿高就？”你就告诉他们实情，“我的工作是学习如何善待自己和他人，同时我靠为人理发为生”，或是“我真正的工作是母亲和妻子，投资顾问则是我谋生的行业”。

努力做事以换得财富，
并不表示你活得有目的，
也不表示你完成了上天赋予的工作；
努力之后能换得喜悦和满足才是。

当你为使命工作，真实刹那便会降临。如果说找出自己的使命是你第一阶段的工作，那么第二阶段就是，学着在每天的生活中实践你的使命。能在每天的例行差事中，创造出更多的机会去分享人生，你就能拥有更多的真实刹那。也许你是一位老师，有一个小朋友跑来找你哭诉他的委屈。你适时给予他安慰，让他知道你能了解而且关心他的感受。这一天对你来讲，立刻变得意义深长；这其中的意义不是因为你去上了班，而是因为你在你的职位上实践了天赋的使命。

再举个例子，你在一家规模颇大的工厂任职，一天下午你花了10分钟说服老板雇用你的一个朋友。他已经失业了好一阵子，家计已陷入困境。这天傍晚，你带着满脸的笑容下班回家——在你的职位上，你找到一个为使命工作的方式，你觉得事情很圆满。

假如你谋生的差事有很多与人交涉的机会，那么你便更容易有机会每天为自己创造出一两个真实的刹那。任何与人沟通的时候，只要你超越一般表面且肤浅的方式，与人真心交往，你就会拥有真实的刹那。

每当你与人分享爱，你便活得很有意义。

以下提供一些有助于你在每天例行的工作里，找到更多真实刹那的秘诀——列出能帮助你实践人生目的且可以融入家务或差事中的各种活动、行为及态度。把这张单子当作备忘录，当你渴求真实刹那时就拿出来，选出其中一项来做，创造立即的成就感。我建议你抄一份随时带在身边，再贴一份在案前或冰箱上，不时拿来看一看。下面几项摘自我的清单，或许可以给你一些点子，以便列出属于你的单子：

与人分享爱的片刻，

欣赏周遭环境中美好的事物，
学习新知，
随时找机会让别人感受他自身的价值，
和狗玩耍，
花几分钟在院子里观察花草的生长，
躺在吊床上让微风轻轻拂过你的脸，
停下脚步，想想自己的目的和自己的行为。

当差事有害于你……

差事的本身是什么并不重要，重要的是你如何去做它。如果你谨慎从事，如果你知足而行，都不失为谋生的好方式。你的行业不必非得充分反映你的使命或真正的工作，但是，它也不该是一份有害于天赋使命的差事。

你不可能把自己的生活分成几个互不相干的部分，你不可能从事一份对你的幸福有害的工作，还同时能避免这份工作影响你的人际关系、健康和平静的心情。如果你的工作已将你远远带离了人生目标，那么，每天下班时要把自己拉回生活的正轨上，将是一件十分困难的事；如此经年累月地过着双重生活，恐怕人生的目标感终将荡然无存。

走笔至此，想起一位在洛杉矶娱乐圈工作的朋友，她的老板是圈内响当当的人物。她本身的职务很多，曝光率极高，收入之丰当然更不在话下。一切都好，只有一个问题——老板待她的态度十分恶劣。他是个粗鲁无礼、满口脏话、不成熟也不体贴人的人。每次我这个朋友打电话来，或我们碰面一起吃午饭，围绕的话题永远只有两个：她痛恨她的差事和一直找不到如意郎君。至今仍小姑独处，令她有挫败感。

这样的抱怨我已听了许多年了。到上星期，我终于受不了了。“你有没有想过，你始终找不到可以嫁的好男人，可能跟你一直待在不健康的工作环境里有关？”我问她。

“这个话我听得很不舒服，不过请你继续讲下去。”她愁眉苦脸地说。

“好。不管你如何觉得‘这只是吃饭的家伙而已’，事实上，你每天花上8个小时所做的事，几年下来，已经影响了你的自尊和你对生命的期待。你与工作上的关系如此的不健康，在这种情况下，我看不出来你会有发展出一段真正爱情的希望。”

“可是这么个差事实在不错……”她回道。

“不管它付你多少薪水，”我提醒她，“如果对你没有益处，再高的薪水也不会是个好工作。”

不为差事伤自尊

如果你的差事对你没有益处，换个差事。毕竟，留在原职而挫伤自尊、心口不一，这样的代价远高于换差事所带来的一时的损失。

美国女歌手密德勒（Bette Midler）曾说：

> 我想多数人的人格都是分裂的。我们的身体里至少有两个敌对的人，一个想要退隐山林种番茄，另一个却想成为一尊受人膜拜的伟人雕像，矗立在那儿，愈来愈膨胀，愈来愈膨胀，直到胀破为止。

若你错把谋生工具当人生目标般严肃看待，你可能会真的把自己搞得一团糟。你会做得太认真，对任何要求都无法说“不”；而当你一旦相信别人的差事都不及你的重要，或相信你是唯一能担当这职位的人，或真以为没有了那份不可思议的贡献、地球就无法转动的话，那么你真该退隐山林种番茄去了，至少也该休个长假，好让你恢复神智，弄清楚自己真正的目标。

如果在谋生的差事上，
你必须妥协你的信念，必须隐藏你的真我，
或做出有违诚实原则的事，
那么那份差事就是你的灵魂每天死去8小时之处。

把谋生的差事太当一回事，显示你若非不知道除了上下班以外，还应该有一个人生的目标，就是你已忘了你的大目标是什么了。你一旦错把差事当人生使命，便不能放开心胸享受上班的乐趣，因为你会把每一天工作流程里点点滴滴的芝麻绿豆事，都当作天大的事来处理。当然，我的意思并不是说你上班应该漫不经心，也不是教你不能要求完美。你不应该漫不经心，你也应该力求完美，我的意思只是——别为了一份差事，连自尊都不顾了。

就算你这个月卖了25栋房子，或谈妥了3笔大生意，或从别人手里抢到了一份合约，或是轻轻松松把小孩和家务料理得妥妥帖帖，这些都不能代表你的内在有多高明——起码不比一座房子也没卖掉，丢了合约或小孩完全不听管教时候的你更高明。能够明白这一层道理，那么下次遇到事情不顺心的时候，或许你可以不那么苛责自己、同事和客户了。

容易迷途的一群

这可是我亲身的痛苦经验。有很多年的时间，我一直把我作为精神和感情导师的差事和人生的目标混为一谈，给我自己带来很多不必要的紧张和烦恼。好在我终究还是走了出来，现在的我颇能了解，那时候怎会陷进这种错误的想法里无法自拔：有些行业本身看起来就像是神圣的天职。医护专业人员、教师、传教士、政治家、学者、诗人、专为唤醒人心的演讲者——我们这种人都比较容易相信：自己是少数得以结合差事与人生使命的幸运者。我们不必为周末的人生目标伤脑筋，可以在每天的例行公事里，就实践人生的目标。能被上天挑选担负如此重大责任，我们觉得受到无上的荣宠！这世界怎么能够没有我们呢？

从踏上讲台的第一天起，我就真心真意地相信：我的差事和我的人生目标就是，要尽可能帮助更多的人，为他们疗伤止痛，打开他们的心扉，帮助他们在生活中得到更多的爱。我看到身边有许多人承受着很大的苦难，我愿意用我的智慧和上天赐给我的能力去帮助他们减轻痛苦，为这个世界带来一番不同的气象。

我当时不了解的是，因为相信自己人生的目标就是要帮助人，而且我的差事就是要去实践这个目标，结果我纵身跳进了自己设下的苦恼陷阱里。这些苦恼包括：如果我实在帮不了某人，怎么办？是我担负使命的能力还不够吗？有人不要接受我的帮助，又怎么办？是因为他们不在我的使命范围内吗？有生之年帮助的人还不够多（姑且不论我所认为的“够”是多少），怎么办？是不是表示我没有达成上天交付给我的任务？我是不是有负上天所托？

于是我变成一个过度狂热的先知——爱的告知。我不仅要求人们要成长，而且要他们非成长不可；如果看到他们有抗拒的情绪，我的内心就会挫折无比。难道他们看不出来我是为他们好吗？他们怎么能拒绝寻找自由的机会呢？一旦我发现我辅导的个案进步得太慢或只是不够快，我会觉得很不耐烦。是什么事情让他们耽搁这么久？难道他们不明白，命运掌握在他们开窍的速度上？他们为什么就跟不上我的脚步呢？

我当然不会向任何人流露我的这些情绪，但我知道他们还是感觉得出来。偶尔会有人告诉我，他们害怕不管再怎么努力，我都觉得他们做得不够好。我听到这些话的时候，非常惊讶。他们打哪儿来的这种念头？我爱每一个人，真心希望看到他们的进步，他们怎么能说觉得被责难呢？当时的我不明白，我的学生也不懂的是，因为我认为我的人生目标是要拯救这个世界，所以努力的过程中任何一点瑕疵，我不仅会觉得那是我个人的失败，而且是辜负了全世界。

不快乐的工作狂

当然，世界尚待拯救，个人怎可轻言休假？于是我成了工作狂。有人还陷在痛苦深渊中等待援手，我怎忍心去度假？若一对夫妇正濒临离婚边缘，我怎能任意取消一场可能挽救他们婚姻的讨论会？不管怎么说，帮助这些人才是我的本分，可不是让我坐在那儿逍遥享受，置苦难的人们于不顾。所以我不停地工作，不停地工作。我这样拼命地做，不断地得到人们的赞赏和感激，我便把这当作是上天要我继续努力的暗示。

头几年，神圣的使命感占据了我全部的心思，我已无心体会工作的乐趣，紧绷的心阻隔了一切享乐的可能。我应看出这是个警讯，可惜那时的我修养有限，把这讯号的意思弄拧了。当时我的结论是："因为帮助的人还不够多，所以我不快乐。"

现在回头来看，我猜你会说我有时像个脾气暴躁的大师。我会因为助理没有及时把黑板搬到讲台上而气恼，会因为没赶上登广告的截稿时间而臭骂负责的职员，会因为辅导的个案不听我的劝告而跟他生气。如今重新检视这个时期，虽然我已能看清当时种种不当行为的起因，心里仍十分自责，可我那时就是想不通：我是在为挽救这个世界而努力，这么神圣、这么重要的事情，你们这些人怎么都不把它当回事？

幸好在投身事业7年之后，我成熟了许多，能学着宽容些、和蔼些，并且在辅导个案时，能更设身处地为人着想；但是我内心里的纷乱却仍不能安歇，甚至到写这本书第一章的时候，尽管已名利双收，我仍不快乐。那时，我就知道，该是回去重做学生的时候了。我要为自己找一些新的老师，希望他们能打开我的心结，明白为什么实践人生的目的不能带给我快乐。

高悬在墙上

我原先并不预期会有幡然醒悟的一朝，然而，必须靠一根麻绳，把自己悬在50英尺高的墙上；那样不上不下的经验，居然使我的生命完全改变。事情的经过是这样的：

我的先生杰佛瑞是位脊椎指压治疗师。好几年前，他就常提到他认识一位很有名的同行讲师和精神导师——雷克曼医师（Guy Riekeman），雷克曼经常在世界各地指导医生如何找到并实践人生的目标。“你一定要见见这个人。”杰佛瑞常常建议我，“我真觉得你该去上他的‘绳子课’。”

“绳子课”是一系列对体能的挑战，诸如：站在电线杆的顶端往下跳，在50英尺高的空中走单索，或是徒手爬上只有少数隙缝勉强供手脚攀附的峭壁。当然，每个人都系着登山用的安全绳索。“绳子课”的目的不是要训练特技表演，而是要去面对在精神上和灵魂上包围着我们的“墙”，并且去体验在克服这些限制之后，穿墙而出的感觉。

我从不缺乏精神上的勇气，体能上的勇气则很有限。所以我不会被“从电线杆顶端跳下来，全心信赖同伴们会及时拉紧我的安全索”那样的主意吓到，却在知道自己非去不可之后，怕得连想都不敢想；可是另一方面，我又是如此地渴望能有所突破。

那天还下着雪，我们在科罗拉多州的山上，雷克曼医师带着大家开始我们的“绳子课”。戴上安全帽，穿上挂着吊钩和绳索的登山背心，我已吓得面无血色。我觉得我连电线杆的一半都不可能爬得上去，更不可能从上面跳下来。所以几个钟头之后，当我从杆顶跳到半空中时，以及后来和杰佛瑞手牵着手走上高空单索时，我简直不知该怎么形容我心里的骄傲。那天我完成了一项又一项的挑战，我觉得自己真是棒极了——直到来到“高墙”前面。

你们不妨想象一下：一道50英尺高的墙从地面直直竖起，墙面上除了散布着几十个水泥小凸起之外，一片光滑。3个人一组，由绳索串在一起，每个人之间的绳索约6英尺长。这个游戏的用意是教这3个人必须同进退——要不就一起爬上墙顶或是一个也上不去。我站在寒气逼人的空地上，紧紧裹着连帽夹克，看着前面的一组人使出吃奶的力气，终于爬上了墙顶的平台。看来这是今天所有活动里最困难的一个项目。

雷克曼把我和另外两个同伴系在一起，我在中间，然后开始爬。我尽可能举高我的腿，勉强够到第一个小水泥桩。接着用尽全力，抓上第二个桩，好不容易才把自己拉高了几英尺。我已经呼吸困难了——我们在海拔一万英尺的高山上，空气寒冷而稀薄。我用眼角余光看到同伴都已经爬得高过我许多，在6英尺的绳索范围内，等我赶上他们。接下来的15分钟，我生平还没为别的事出过这么多力气，我又攀高了约15英尺。

荡在半空中

然后大麻烦来了。我的身体开始抖个不停，两脚抽筋，双手僵冷麻木。还有35英尺在我头上，同伴们已经耐心地等了很久了。我四下张望，希望看到一个我够得到的小桩，却觉得它们一个比一个远。我一次又一次鼓足力气冲向其中一个小桩，后果却是前不着村、后不着店地荡在半空中，让我在地面的同伴用安全绳索紧紧地拉住。

所有的伙伴一路为我打气，并且指引我该往哪里爬，此刻加油声更是响彻云霄。“加油！芭芭拉！”他们在下面对我大叫，“你做得到的，不要停下来。再爬一个桩就好。”他们愈加油，我愈难过。在那片光溜溜的墙上，我又尝试了几次惨不忍睹的攀爬，结果也总是在观众的一片屏息中往下掉。

我哭了出来。“我爬不上去了。”我哭着喊，“我没力气了。对不起，我连累了队友。”底下的支持者却全然不理会我的哭喊，加油声变得更响亮。我只有哭得更大声，甚至有点生气了。他们难道不知道我已经完了吗？难道看不出来我就是做不到吗？

然后我听到杰佛瑞的声音，他喊着："我知道你做得到的，宝贝。别放弃。别向害怕屈服！再往心底去发掘你的力量，试试看再爬高一点点。"

"我不行了。"我扯着喉咙叫道，"我要下去。"

"你行的！"他坚持，观众也都附和他，"你做得到的。"

我开始歇斯底里地哭起来，因为我知道杰佛瑞这回错了——这大概是我生平第一次了解到，不管我再怎么努力，再怎么激励自己，意愿再怎么强烈，我都不可能再往前了。我就是做不到，连再动一块肌肉的力气都没有了，我整个人瘫在那里。我趴在墙上，笼罩着我的是一片前所未见的挫败感。我让我的同伴失望，害他们不能达到目标；我让杰佛瑞失望；最严重的是，我让我自己失望。

以爱代替催促

我悬在那寂寞的山头上，仿佛过了无数个世纪。我哭喊着痛彻胸肺，我的四肢抽筋、身体冰冷，我的心碎成一片片。终于，我听到雷克曼的声音："放她下来吧，我想她已经尽力了。"

我简直不记得自己是怎么离开那道墙，怎样一身披挂地被人抬放下地。不过倒是记得我的双脚一接触到地面，整个人便瘫在雪地上，哭成个泪人似的。我知道杰佛瑞过来，把我搂进他的怀里。

“我在这里，宝贝。”他轻声地说，“我不会离开你。”

“对不起，对不起。我真的爬不上去，你不要怪我。对不起。”我哭个不停，嘴里一直重复着这几句话。

“嘘——”他安抚着我，“你表现得很好。你肯试着去做已经很令我引以为荣了。我看得出来你很尽力，你不用自责道歉啊！”

“我觉得好难过。”我还在啜泣，“我不想让你失望，我好想让你以我为荣，可是我就是做不到。我就是爬不上去，我就是不如人。”

杰佛瑞无限温柔与怜爱地看着我，然后轻声地说：“芭芭拉，这就是你身边的人对你常有的感觉。”

他的话一进到我耳里，我的眼前仿佛掀开了一道久遮的帘幕。霎时间，我明白了自己之所以为人、为师的真相，明白了自己一向是如何误解了人生的目的。杰佛瑞是对的，这就是我身边的人对我的感觉——似乎不论他们走得多快，我都能快过他们；似乎不论他们多努力，我都会要求他们更努力；似乎他们总是在拖磨我的脚步，永远也跟不上我。

那个悬在墙上的下午，我对队友们哭喊的声音，正是这些年来我的学生、恋人、朋友，对我用尽各种方式哭喊了无数次的心声：“我走不动了，不能再快了。”而来自墙下的声音，完全无视于我的哭喊里充分流露出的痛苦之情，尽管那原是一片善意的鼓舞。而这正是我惯于激励、鞭策、要求别人的真实写照。然后，当我瘫倒在那堆冰冷的绳索上时，我看到了真相：

在我身边的每一个人，都已尽了他们最大的努力追求进步，他们所需要的，如同那天我希望队友和杰佛瑞能给我的——不是责成，不是失望，只是爱。

就算我爬不上墙顶，我还是需要杰佛瑞爱我。

我需要知道，不管我做得到多少，都没有人嫌不够。

我需要知道，爬到墙顶与否不能决定是否成功，重要的是努力的过程。

被悬在墙上的那一天，我所学的做老师的道理，远超过多年演讲会、讨论会上的所得。我学到：老师应该尊重每一位学生所面对的心墙，并尊重每一个人在克服自身困难时的努力过程；一个好老师会知道什么时候该说“继续往上爬”，什么时候该说“下来吧”。最重要的是，真正的教师知道——其实并没有所谓上或下、高或低，也没有所谓更好或更坏，只有那道墙和攀墙的过程能教给你一些道理。

我永远感激雷克曼医师帮助我在心灵成长上获得如此重要的突破，感激杰佛瑞如此聪明慈爱地在最恰当的时机，在我终于听得进去的时机——让我明白真相。

以救世为嗜好

面对自己的“误解之墙”——这次的经历深深地改变了我。从此，我才真正懂得什么叫作无条件的爱与怜悯。我体会到前所未有的快乐，然而我知道我的重生还未完成，我仍然不能自已地一星期工作7天，仍然把时间表排得满满的，因为我仍然觉得有“拯救世界”的责任。

于是，我开始写这本书。我选择本书题材时就很清楚，选这个题材写作可以强迫自己好好审视自己，那是一种只有写作才会有的效果。对我来说，写一本书就像是开一场为期12个月的研讨会。在这一整年里，每天、每夜、醒着的每一分、每一秒，脑子里想的、嘴里说的、手里写的都是同一个题材——真实刹那和人生意义的追寻。

所以当我每天写下这些文字的同时，我自己也一字一句地读着，并且自我反省。我快乐吗？我在逃避真实刹那吗？我的人生目标是什么？

渐渐地，但也是深刻地，我开始了解了。以我这种热情善感的性格，只要我仍相信人生的目标或我的差事就是要拯救世界，我就永远不可能放轻松，不可能专心于享受一己的快乐，因为基本上我是一个不论做什么事都要全力以赴的人。不过，我现在懂得把差事和人生目标看作是不同的两回事了。

我的事业是当老师。

我的人生目标——我真正的天职，是要学着庆幸自己生而为人，学着真正地爱自己、爱别人，学着快乐。

至于拯救世界，就如一位朋友提醒我的，我可以把它当“嗜好”来完成。而拯救世界之前，我的首要任务是要拯救自己，尽最大努力去体验更多的真实刹那。

这份全新的体验解放了我。我终于可以好好从事我的事业——做个好老师，但不必一天24小时为之。服务人群、守护地球，如今可以变成爱的行动、欢愉的时光，而不再是全天候的负担和永无止境的责任。我终于给了自己走向快乐的通行证，不再有任何束缚。

我知道大多数人都不会这么多情、善感。我也很清楚，我之所以曾经如此戏剧性地、如此紧张地想拯救世人，冥冥中必有原因，那就是为了要与他人分享我的故事。引用比喻来说明一些道理，是老师们通常使用的教学方法，而我活至今日，整个生命的架构，从很多方面来看，都是一个活生生的例证，可以让我援以指引许多人走向爱、走向完整的人生。

知难行易

你或许不会和我一样，认为自己的生命担负着这么多精神责任，但你必定也有你自己的战场，你要为自己的快乐奋斗——在对公司、对家庭的责任和自己追求欢乐、追求宁静的需求之间挣扎。尽管你不曾被人吊在50英尺高的墙上，不曾有过上不去、又不敢下来的经历，我却知道你必曾面对过属于你自己的恐惧与幻灭之墙。说不定这正是你此刻的遭遇。

在你追求人生意义的路上，但愿这些故事能抚慰你的心灵，能让你知晓，你并不孤单；也愿这些故事能带给你重新审视自己的事业与天职的勇气，并能将真实的刹那灌注其中。你也许很清楚自己的决定，你要卖掉公司，然后搬到乡下，或是到比较健全的公司上班，或者回学校去学做兽医。不过，为了能过比较快乐的生活，你所必须做的改变，也可能和我一样，只是改变你自己的想法，而不是改变你正在做的事。

最后，上天交付给你的工作是要你去创造真实的刹那，要达成这样的使命，其实只要每天做几件简单的事：

迎接朝阳，
深呼吸，
欣赏自己身体的奥妙，
带给人微笑，
为你的狗搔搔痒，
观人眸子，
对生活里的奇迹心存感激，
感谢大地所赐的食物，
向鸟儿挥挥手，
告诉某些人你爱他们，
向上帝道晚安……

第六章　挑战逆境

感觉自己的根本在动摇时，

我们常向上帝求援，

却发现摇撼我们的，

正是上帝……

——无名氏

有时候，生命是那样甜美，仿佛活着就是上天的恩赐，是一种特权——当你第一眼见到自己新生的婴儿；当你躺在爱人的臂弯里细数清晨窗外的雨点；当你首度注意到春天来临了，空气里充满了希望，生机四起。有时候，仿佛生命中的每一刻都显得那样的意义非凡，所有事情的进展都与自己的意愿和预期吻合，对上帝的信仰简直就是理所当然的事，因为除此之外，还有谁能创造出这样一个处处神奇的世界呢！

然而，人生总有遭遇困境的时候——当你失去辛苦争取来的成果或痛失你所爱的人，那是你对一切善良品德的信心受到考验的时候。在那样的时刻里，你唯一的愿望是让痛苦快快过去；所有的事都不合理，再没有值得你努力的目标，你找不到活着的意义，也很难再去相信什么。

如果你年纪够大，那么在你人生旅途中，必已经历过许多这类的逆境，更或许此刻你正身陷其中。有一点是肯定的：只要我们活着，我们就得不停地在各种逆境与危机中来来去去，但是也只要我们还有一口气在，我们的快乐就会永远伴随在悲伤左右。

以“变”为常

生命永远处于变化的状态。事实上，你活着正因为你不停地在变，而“变”恒常包含了死亡与重生。就在此时此刻，你体内的每一个器官、每一条肌肉都有无数细胞死去，也有无数细胞新生。一旦你的肉体停止变化，不再自我重生，便是它终止存在的时刻——那就是死亡。

创造之前必先解体，是宇宙中无所不在的定律。树上的花朵必先凋谢，才能结出累累果实；种子必先耗尽自身养分，才能支撑出新芽；麦壳必先捣碎，才能做成面包。这正如已故的哲学大师坎贝尔（Joseph Campbell）精辟的比喻：“不打破蛋壳，又怎能做出蛋饼呢？”

如果讨论的只是水果和麦壳的变化，每个人都可以很轻松地发表一串如哲学家般的言论，也可以接受“变化”乃大自然中理所当然的一环。可是，如果我们探讨的是自身生命的变化，可就不是这么容易被人接受了。珍视我们所熟悉的情感与事物，是人类共通的特性。我们固守生活的规律、日常的礼仪，会执着于自己最心爱的椅子、停车位、固定睡在床的某一边；面对这个我们深知完全无法预知的浩瀚宇宙，我们总企图给自己一点点掌控、确定的感觉。我们是如此害怕改变——“变”会夺去我们所熟悉的安全感，将我们无情地置于情感的无限深渊里。

万事万物必须改变，
方得重生，
而在重生的过程当中，
老旧的形式必遭摒弃。

这是一道两难的习题——只要地球还在转动，变化就会一刻不停；而变化仿佛总是以“失落”的面目出现：我们失去了青春、头发、身材，失去了工作、梦想或丧失了使梦想成真的能力。失落感随时会降临在我们身旁：当孩子一天天长大，我们失去了他们的纯真、他们无条件的爱；当我们年事渐长，不得不与曾经和我们朝夕依偎的人、事、物分别；当死神带走我们的祖父母，接着是我们的父母，然后突然间我们自己成了家中的长辈；当我们的朋友、我们挚爱的人辞世长眠，我们痛苦地孑然一身；当我们变得垂垂老矣，不再是社会中不可或缺的中坚栋梁，只能安静无力地守在边缘地带；而最终，当我们悄悄蜕去借宿多年的皮囊，回归灵魂的世界……

送旧之后必迎新

生命是一连串痛苦的道别，而道别从来就不是一桩易事。但是道别的另一面是相逢，送旧之后紧接而来的总是迎新。

我们称之为困境的时候，通常便是改变最多的时候。困境不会是快乐欢愉的时光，当然更不会是舒适可人的时候，但却充满了令我们转变的机会。在这些时候，真实刹那唾手可得。

困境使我们更接近真实刹那，因为它打开了我们经常深锁的内心世界。平日使你麻木不觉的那些滤网，在你真正面对危机或创伤的时候，全然无法为你抵挡锥心的痛楚，想要忘却心中的烦忧几乎是不可能的事，你非得细细地品尝这痛楚的每一份滋味不可。就因为毫无遗漏地经历了当下发生的一切，你因此拥有了真实刹那。

回想一段你曾经历过的痛苦时光，那时可能你正在闹离婚，或正患重病，或家人正遭逢大麻烦；如果不是太例外的情形，此刻再回头看待那段遭调，你会说："尽管伤痛，那次离婚（重病、悲剧、意外……）其实是我所遇到过的美好经历之一。"因为从此刻的角度，你可以清清楚楚看到隐藏在困境后面的，其实是上天赏赐的恩典——你学到了你需要学的功课。

危机会迫使你关注自己的生活、人际关系，也使你关心你自己。危机像一盏高瓦数的探照灯，将光束完全集中在某件事物上，所有的细节都无所逃遁，成为你视线内的唯一焦点。在这样专注的自我反省、显露人性的时刻，真实刹那翩然而至。

痛苦帮助你敞开自己，挖掘出不自知的灵魂宝藏。正如黑暗的尽头必是黎明，否极泰来时，你将增添一份智慧与韧度。这就是困境的力量——能迫使你释放出积存已久、毫不知觉的勇气、希望和爱。

困境的积极意义

米尔曼（Dan Millman）写过好几本他所谓“和平战士（peaceful warrior）”的好书，他为“困境”下了一个很好的注解：“悲剧是通往灵魂的直达电梯。”正因为求救无门，我们只能反求诸己，却因此找到通往慰藉与清明的新路径。我们可不可能在偶然的机遇下，碰触到这些潜藏在心底的领域？有可能，但是痛苦和沮丧更能加速这个过程。我经常和遭逢困厄的朋友聊天，他们都有这样的共同经验——尽管恨透了那段可怕的往事，却也从那段往事中发现自己提升到了一个新境界，甚至找到了平静。

勇气在痛苦中滋长茂盛。美国一位很有名的女演员摩尔（Mary Tyler Moore），曾克服过多次严重的生理与心理的重创，她说得很简单：“唯有遭逢过挫折打击，才可能学会勇敢。”

不论是接受记者访问，或是在大型的演讲会上，经常会有人问我这个问题：“你年纪轻轻的，就对生命有这么深刻的认识，究竟是什么原因造成的？”我的答案永远只有一个：“痛苦的经历！”这是千真万确的。回首生命中收获最多的几个阶段，原来都是最难挨的经历。挨过了最难挨的时刻，收获的是无可比拟的自信心，那是在无忧无虑的快活日子里永远不可能得到的。

懂得视逆境为上天的恩赐，而不是不公的责罚，实在并非易事。身陷悲剧或伤痛的重围里时，你会觉得上帝已把你孤立在悲惨的世界里。“我不管这里头是不是有什么伟大的道理要学习，”你的灵魂在呐喊着，“我只要痛苦立刻停止！”我不认为在摆脱烦恼之前，你能表现得多么通情达理。不过别忙着评断自己忍受苦痛时的表现——经历困境的方式绝没有所谓的对与错。不喜欢不顺利的时候，并不代表你的信念不及别人坚定，也不代表你所受的教养比别人少，只不过是上天给你的恩赐还没完全拆封现形罢了。最奇妙的是，不论你对逆境的态度是什么，也不管你是不是心甘情愿去走这一遭，你总会熬过去的；而在逆境的那一头，等着你的正是新的力量与智慧。

每天平静愉快地生活，
不会为我们带来勇气，
勇气激发自困境中的奋斗
和对逆境的挑战。

每当面对困难的时候，我总会想起25年前，我的第一个冥想大师告诉我的话：

疾风吹嫩枝，用意不在伤害新幼苗，而是要它们学会把根牢牢地扎在土里。

我的一生也经过了无数的风浪，当然免不了曾诅咒那些让我濒临崩溃的无情风雨。但如今我已是一株枝叶高茂、根蒂坚实的大树，我衷心赞美生命中的痛苦，感谢吹袭过我的风和雨；没有它们无情的吹打，锻炼不出今日坚强的我。

与痛苦共舞

我听过一句谚语：“你不能平息海浪，但可以学着乘浪而行。”乘浪而行的意思是学着驾驭海浪，让浪头载你前行。我发现这是处理痛苦和危急时刻的最佳对策——与其远离，不如更往里头去。

当你能够与痛苦并肩而行，不再抗拒，就能从困境中创造出真实刹那。我把这种学习叫作“学着与痛苦共舞”。你要找到当前挑战时刻的特有节奏，然后调整自己的步伐去配合它。这是教你不要逃避不愉快或害怕的感觉，反而要你选择不断地去探索这些感觉。这也意味着把原先你想忘掉的事提出来讨论，让自己有足够的时间和空间，完完全全沉溺在伤痛里。

9年前的圣诞节前夕，与我同居、我所深爱的人离开了我。他没有给我任何合理的解释，只是收拾好行囊，走出了我的大门。那时我曾怀疑他已另结新欢，后来证实为真。但在事发当时，我满脑子只知道一件事——他走了，丢下我一个人，我心碎了。

我跟排山倒海而来的痛苦和恐惧斗争了好几天。我不停地打电话给任何愿意倾听的人；我写信给他，一封又一封，然后全部撕掉；我拿出所有他送我的卡片，一张一张地重读，想从里头找出他之所以要离开我的蛛丝马迹。每个晚上，我在泪水湿透的枕头上迷糊入睡，梦里还祈求着明天可以好过一些；而每个早晨醒来，只要一想起他已离我远去的事实，我便又立刻被无尽的痛苦吞噬。

不知道是什么原因，促使我决定一个人走得远远地去过圣诞，我只是突然间觉得必须远离所有的朋友、远离电视、远离一切的尘俗杂事，躲得远远的。我听说在洛杉矶和旧金山之间的海岸，有个小镇叫坎比亚（Cambria），那边的山上有座小木屋。小木屋的主人告诉我，那儿很美，但也很简陋——没有暖气、没有电，只有木头和可以望向一片树丛的玻璃窗。他也同意："那是遗世独立最理想的地方。"这正是我要的，我需要和我的痛苦独处。

我打点上路，开着车来到了海边。接下来的4天，我没有开口说一句话。我写日记、沉思，白天在树林里或沿着海边散步，晚上在烛光下，独坐在一片寂静里。我不再抗拒发生在我身上的事情，取而代之的是全心投注在身受的痛苦和失落之中。

然后不可思议的变化开始了——我渐渐感觉到一股深沉的、能抚慰我心灵的宁静。我觉得碰触到了自己的灵魂，并且再次和宇宙万物恢复了联系。我得到了保护和慰藉的安全感，就好像冥冥中我一直受到照拂，即使是在那段失恋的时日里。我的心思渐渐也清明了，看清了从前所不愿面对的这段关系的真面目，我终于能放开胸怀让它过去。而那股锥心的刺痛也开始逐渐退去，变成一份隐隐的伤痛，是那种曾经受过重创，如今已然痊愈的旧日伤痛。

在黑暗中寻找爱

小木屋里的圣诞已过去多年，至今我却仍极珍视那学会与痛苦共舞的4天，那是我生命中最具意义、最珍贵的真实刹那之一。因为不再抗拒，并且愿意深入自己的危机和伤痛，我才得以重生而臻至一种清明与宁静的新境界。我穿过灵魂黑暗的深渊，终于得到光明的照耀。

哲学大师坎贝尔（Joseph Campbell）有言：

> 上帝的启示总在灵魂走到黑夜深处之后降临。当你失去所有，眼前仿佛是无边的黑暗，那么新的生命和你所渴求的一切便在不远处了。

危急存亡的紧要关头最能凝聚人心，人性中最美好的部分总在这个时候被激发出来：我们的恻隐之心、慈悲心肠和纯良本性。这些美好的品性帮助我们超越小我间的差异，为大我的福祉共襄盛举。每每在洪水泛滥、大地震或飓风来袭时，就会出现这种感人的画面。爱的力量总会激励着我们，引领我们走出重重难关。

逆境中处处有契机，能教你领会到更多生命中的爱。在黑暗中寻找爱并不困难，在绝望中向别人伸手求救，你必会得到回应。说一句“我需要帮助”，然后你会发现，救援就奇迹似的来到你身边。你真正拥有的资源远远多过你所知道的——朋友、相识的人、爱你的人。“我从来不晓得有这么多人关心我。”当你接到从四处涌来的卡片、电话或救援时，你一定会这么想。有时候，不经历一场悲剧或创痛，我们不会明白或承认，原来我们拥有这么多的爱。这也是生命中的难关往往充满了真实刹那的原因之一——因为在重重难关里充满了爱。

丧礼的启示

去年，我的一位好友——古德（Jon Gould）死于艾滋病，享年39岁。古德是那种彬彬有礼、温和善良的人，他的一生全奉献在服务他人和发掘自我。当他的家人和好友邀我主持追悼会时，我觉得非常光荣，但也有点紧张，不知道这会是一场怎样的追悼会。我希望能充分表现出古德美好的心灵，但我也知道，追悼会上将会有一些紧绷的气氛。古德离了婚的双亲都会出席，许多他过去的伴侣以及各种不同的团体也都会来参加。我知道古德姐姐的小女儿也刚过世不久——在过去的几年里，古德的家人比别人家经历了更多的不幸和哀恸。

追悼会在古德母亲的家里举行。陪古德走过最后一段时日的伴侣，在屋里四处摆满了大朵大朵的向日葵，那是古德的最爱，他的相片也陈列在每一个角落。上百个人齐聚在客厅里，当古德最喜欢的音乐声缓缓响起时，我用下面的这段话揭开了追悼会的序幕：

“许多古老的传统都相信，在往生时的那一刹那，是即将去世的人回顾其一生和其抉择的时刻，而所有爱他的人齐聚一堂，将有助于他看清自己的价值，让他带着满心的自信和爱，迎向前头的光明之路。”

说完那段话，我可以感觉到，整个房间里的人，心情都舒缓了下来，因为大家都明白当天齐聚一堂的目的，是颂扬古德曾经的存在，而不是来悲悼他的离去。挚爱的人去世，总令生者怅然无助；想到尔今尔后，所有的喜怒哀乐都再无法与挚爱的人分享，那份失落更令人空虚不已。但是在那个特别的晚上，我们紧紧地坐在一起，每个人心里都觉得意味深长，因为我们知道，我们并非全然无能为力——我们还有爱的能力。

爱，就是那个晚上的主题。在几个小时的相聚里，我们从心底爱古德。我们交换各人心中珍藏的和古德交往的经过，诉说着有趣的小故事，回味着古德为朋友和顾客烹调别出心裁的上好佳肴。每个人都深深体会到，古德在我们生命中所占有的分量。我们笑，我们哭，我们为他灵魂的安息之旅祈祷。最后，每人手执一支点燃的浮水烛，将火烛漂放在游泳池上，向古德道别。

那天晚上我自己开车回家，一路上，我不断地感谢古德给了我这份无价的礼物，让我有幸为欢庆他的往生尽一己之力，让我再次感受到爱的力量能治愈创伤。即使是短短的一段时间，我们敞开了心扉，彼此分享心灵中最美好的一部分——记得怎样去爱。

1994年1月的洛杉矶大地震之后，我双腿颤抖着站在家门口的大街上，穿着浴袍的街坊邻居互相交换食物、备用电池和安慰——这令我想起1969年乌兹塔克（Woodstock）的摇滚音乐盛会，或是60年代我最喜欢参加的那几场聚会；整个洛杉矶在短短的几天里，来自各个种族、操着不同口音的人，在大地震过后齐集一堂，就像是一个大家庭，你可以感受到爱的流传。然后，危机过去，爱也走远。

即使在黑暗深渊里，只要我们心中有足够的爱，
我们的心就能得到光明，我们的伤痛就能得到抚慰。
即使在艰难困顿中，只要我们心中有足够的爱，
它就能带给我们真实的刹那。

牢记爱的教训

为什么总要靠灾难或逆境才能把我们带回爱的怀抱？为什么总要依赖大自然最露骨的召唤，才能使我们看清，原来我们是如此地深爱着伴侣、孩子和朋友？为什么我们总要到太迟的时候，才恍然醒悟应该去爱？要再承受多少的痛苦和毁灭，我们才能牢牢记住爱的教训？

圣歌《奇迹的教诲》（*A Course in Miracles*）里有一段很美的词句：

所有的试炼都不过是再次呈现我们没有学会的功课。

我常在想，如果在顺境中，就能牢记要彼此分享更多的爱，努力得到更多真实的刹那，那么我们是不是就可以少一些逆境?

或许在我们和心中真正的意念渐行渐远时，危机能迫使我们回归自我；在已然忘记什么是生命真谛时，危机能使我们再次看清一切……

或许这就是宇宙的运行之道——以最快的方式唤起注意，让我们重回爱的轨道。

或许这也是隐藏在困苦逆境背后的天赐恩宠。

祝福你拥有很多的快乐和很少的悲伤；然而一旦困境来临，愿你能有与痛苦共舞的智慧，用满心的爱走出黑暗。

第三篇 人际体验

第七章 开怀去爱

通往天堂的路只有一条，

在世上，我们称之为爱。

——古德曼（Karen Goldman）

人生在世所有可能遭遇的奇妙经验，对我而言，无有胜过爱者。爱为生命注入意义，它有如魔术、有如奇迹。爱为身处黑暗的人带来光明，为沮丧的人带来希望。爱是最伟大的导师，是上天永恒的恩赐。

爱的力量超乎一切，它是看不到的——肉眼不能察鉴、秤尺不能度量，却有能力在转瞬间将你彻底改变，带给你任何其他有形财物所不能及的快乐。一旦你拥有了爱，没有人能把它从你身边抢走，唯有你自己能使爱离去。

爱是宇宙中的魔术师，它能在一无所有中创造一切。上一刻，爱还不存在，下一刻，它便光芒万丈地出现在你面前，让你惊讶不已。最令人赞叹的是，它无中生有的能力——微笑的脸庞、开怀的笑声、鸡皮疙瘩、脸红心跳、温柔的话语、亲昵的称呼、喜极而泣的泪珠，还有最重要的——生命。是爱将你带到人世间来；没有爱，你根本不会来到这世上。

爱能使灵魂觉醒

爱使生命圣洁。凡是爱所在之处，你必会看见神圣的光辉。因为爱，使你的人性提升，而能以脱世超凡的眼光看待这个世界。你的儿女、你的伴侣、你的猫或狗、你的花园或任何你爱的对象，在你的眼中都是那么可爱、那么宝贵、美得出众，即使有那么一丁点儿缺陷，在你眼里也显得完美无缺。因为有爱，寻常的时、地、物也会变得意义非凡，散发出特有的光彩：你第一次遇见你丈夫的那一天；你们的结婚周年；公园里你们曾靠着聊天的长凳；你曾坐着为宝宝哺乳的摇椅；祖母亲手为你织的毛毯；小女儿写的第一张小纸片，上面写着："我爱你，妈咪"……这些都将变成无可替代的纪念品，共同编织出你生命中所有爱的回忆。

但最重要的，我相信爱能使灵魂从心底深处觉醒。当你爱的时候，你和周遭世界一分为二的界限将会融化，凡尘俗世里人我的区分不再存在，你将会体验到完整的大我。一旦有了这种经历，你在宇宙中就不再是一个孤立的个体。你的生命和你所爱的人生命之间，从此有了交流。你全心倾注于他们，他们也全心倾注于你；彼此的灵魂亦步亦趋，相互交融。

你可能已感受过这样的时刻，只是不明白这样的时刻何以会如此使你感动：

爱的恩赐中，

最伟大的是——

万事万物只要得到它的抚摩，

无不发出神圣的光辉。

你和丈夫站在你们刚出世的宝宝床前，凝视着她甜美的睡容。她小小的身躯随着呼吸的节奏而起伏，你转过脸去看着丈夫，却发现他也正深情地看着你。就在这一瞬间，你感觉到一股爱的暖流从你流向丈夫，再流向你们的小女儿，然后回流到你心里。爱的力量是这样的充沛饱满，你知道你们三个人从此将紧密地结合在一起，任何杂质无法渗透，你们感受十足的完满圆成。

小我迈向大我

这就是爱的力量——能指引你从孤独的小我迈向完整的大我。爱能穿越俗世的种种界限；那些界限使你以为："你"只是你，和周遭的环境或其他的生命无牵无涉，你由那些界限认知自己的丈夫、妻子、狗儿、朋友或天空。然而，在爱的真实刹那里，“你”变成了“我们”，一个比单独的你更完满的整体。

如此一来，爱创造了一种无边无际、无限延伸的经验，使人能翱翔于肉身之外的世界。

你或许从来不认为自己是个讲究形而上、讲究心灵精神层次的人，然而所有爱的经验，无一不是一种心灵的感应——你与某人或某物灵魂的交会。爱为你开启神性世界的大门。

爱是创造真实刹那的首要法门，因为它能驱使你学会全神贯注。爱引领你进入永恒的存在，它能使你的注意力集中在当下所经历的事物上，并使你心无杂念地沉浸其中。当爱的能力有所增进，你便有能力创造更多真实的刹那。

亲密关系是一种神圣的机缘，让你以爱为蹊径，迈向人格与心灵的转型。从前心扉深锁，爱要你将它开启；从前感情麻木，爱要你开始感觉；从前沉默不语，爱要你勇于表达；从前犹疑不前，爱要你大胆迈步。独处时感觉自己像个有情有义的人并不难，但是在亲密关系中，你得面对自己感情上的局限。

亲密关系是一个速成且持续的训练所，促使你揽镜自照，将自身不完美之处尽收眼底，你的黑暗面也得晾晒出来。亲密关系扣着你的心门，要你开启从不轻易示人的内心深处。然后，日日夜夜，亲密关系给你机会学习爱，给你机会努力向前、不畏艰难，给你机会精益求精、日新月异。

我很年轻时就选择了依循爱的途径，因为我知道它会带领我找到我所渴求的真实刹那。这段爱的旅程一直是既刺激又神秘，伤心痛苦不绝于途，却也能一次又一次松绑我的心灵。有很长一段时间，我不太懂得如何去爱，我犯了很多错，伤害别人，也伤害自己。但是慢慢地，我懂得了善用爱和亲密关系，使其成为通往学习和蜕变的神圣之路。上天很眷顾我，我终于找到一个愿意和我携手、在这条神圣道路上一同探险的男人。

愿景像灯塔

所有伟大的创作都始于观察和思考，那也就是一种愿景。画家在画布上落笔之前，脑海里必已有一幅理想的构图；建筑师设计一座大厦之前，一定已经在心里看到了这座建筑的全貌；作曲家谱出一首曲子之前，心中已经听到了完整的作品。愿景是所有爱的结晶诞生的动力。

如果你的亲密关系没有一个理想的目标，这段关系便什么也成就不了。亲密关系中的双方如果对共同的目标没有共识，就好像手里没有地图，就想开始长途旅行——你们必会一次又一次地迷途，并且无法好好享受沿路的风光。要使亲密关系成为共同的成长之路，你和伴侣必须为你们之间的关系，共同画出理想的蓝图，然后一起为实现这幅蓝图付出真诚的努力。

愿景帮助我们渡过重重的难关，它使我们专注于理想的实现，在跌倒或气馁的时候，鼓舞我们再接再厉；为了追求事业成就的目标，促使你在大学四年里勤奋好学、努力研究；而母亲怀抱爱儿的温馨画面，让你有勇气撑过临盆的剧痛。将亲密关系规划为心灵成长的道路，你和伴侣得不畏艰苦、不屈不挠地携手踏上爱的大道。

杰佛瑞和我对我们的关系有着这样的共同认知：

我们的结缘，目的是彼此互为导师、互助成长。

我们的结合是上天珍贵的赏赐——它将引领我们走过必经的学习之路，使我们更懂得自觉自醒、更有情有义。

所有我们将经历的困难和挑战，都是上天为我们最欠缺的能力所特意安排的训练。

正因为对我们的爱有了这样的承诺和期许，所有遇到的困难和挫折便有了另一层神圣的意义。每当吵嘴、赌气、受挫、想要转身离去时，我们的愿景就会像茫茫迷雾中的灯塔，它恒定的光芒提醒我们：日常生活里的挫折与困难，都是为了成就一个更崇高的目标。我们把选择携手而行的初衷牢记在心，气就容易消了，伤心也很快就过去了，宽恕了对方，我们发现那永恒的爱的牵系始终蕴藏在心。

为工作、孩子、家庭责任而忙碌的时候，很容易会忘掉亲密关系的真正目的。结为夫妻而忘了最初结合的初衷，夫妻关系就迷路了。迷途的关系因为不知道何去何从，很快就会停滞不前、停止成长。

假如你和伴侣已经迷了路，就快快一起找寻一些真实的刹那吧！在真实刹那里，你们会找到回家的路，找回你们相爱的心。

爱要滋养、成长

你们需要充满亲密爱意的真实刹那、充分感受结为一体的真实刹那，来滋养爱的灵魂，爱才能不断成长。和你的爱侣共度这样的时刻，能让你俩重温最初结合的心意和永远相伴的誓言，使你们对前途再一次满怀期许和勇气，继续迎向未来牵手的岁月。

真实刹那是亲密关系的活血源泉。没有真实刹那，亲密关系的灵魂必将枯萎。你可以选择对空洞的关系继续视而不见，依然共处一室，但是这样的关系只是一个空壳，是你用来逃避孤独的一种方法罢了。

只是和某人待在一起，造就不出充满亲密爱意的真实刹那，相处的内容和品质才是关键所在。因为没有真正活在当下，你们可以貌似结合而神隔千里。相反，即使相隔在万里之遥的电话两端，真实刹那仍能迸发，只因为你们敞开了心扉，打破了距离的隔阂。我身边有许多人和爱侣之间的关系，都因真实刹那不足而深受其苦。两个人并非不再相爱，他们都仍爱着对方，但他们没有尽可能地去深深感受那份爱，因为他们不找机会展现彼此的爱，也不让自己心无旁骛地沉浸在两人的爱意中。简言之，他们共同拥有的真实刹那不够多。

年初时，我和我先生到罗缤女士经营的店里，挑选我们的结婚请帖。我们在那儿逗留了大约一个小时。杰佛瑞要赶回办公室所以先走，我留在那儿完成其他细节。

“他很出色啊！”罗缤发表了她的观察心得，“你们俩看起来很般配呢！你们看来应该是很知己的好朋友，我很喜欢你们之间互动的方式。”

“谢谢！”我回道，“我们可是下过一番功夫，才修得今天这样的关系的。”

她说：“说来有点悲哀，每个星期大概总有20对准夫妇上门来选请帖，可是最多也只有一对，看起来是真正相爱、很快乐地在一起的。其他的，常令我纳闷他们究竟为什么要结婚。”

婚姻是每天的抉择

对罗缤的看法我一点也不惊讶。主持研讨会这么多年，我知道她的观察虽然悲哀，却一点不假。很多人把亲密关系看作是一种财产——就像“我有一部车子，我有一个差事”一样，他们会说“我有一段亲密关系”。亲密关系变成一种要去取得的东西，一旦到手，他们就不会再为此投入太多的时间和精力。

耶稣基督有言：

> 生命中的每一刻，你都有选择的机会，选择以爱或恐惧去行走世间或遨游天际。恐惧之路狭隘难行，或许最终能带你走向标的。爱则对你说：“展开你的臂膀，与我同

翱翔。”

婚姻不是一枚戒指，或一张证明你们是夫妻的证书，也不是一场宣告你们已经结婚25年的餐宴。婚姻是一种行为——你如何每天持续不断地爱你的伴侣、尊重你的伴侣。你是不是结了婚，不在于地方法院或家人的认定，真正的婚姻在你的心里，不在大饭店、礼堂、法院，也不在教堂。婚姻是一种抉择，不只是婚礼当天的抉择，更是日复一日、年复一年的抉择，不断反映在你对待配偶的行为上。

亲密关系中的真实刹那，其丰富与强烈常会使不习惯的人受到惊吓，人们常因此而逃避它。

你曾经是否和心爱的伴侣深夜静坐一处，交换彼此的心事、对未来的憧憬和心底的小秘密？刚开始你们可能只是不经意地聊天谈心，到某个程度之后，够多的心门已敞开，够多的牵念已牢系，一个超乎你俩的东西便出现了。你知道它的出现，你们俩都会感应到。那是一个你们俩共同拥有的心灵空间，一个在说够了真心话、彼此互相抚慰之时，就会出现的神圣空间。这时，你会感受到你们之间前所未有的强烈牵系。这个时刻，就是真实刹那。

几乎在真实刹那来临的同时，你会立刻明白：你再也不能操控自己了。因为你的疆界已泯灭，你惯有的戒备正消失，你感到无助又不自在。隐藏在面具下的真面目被窥见了，最底层的波涛心绪也要赤裸示人了，你神圣不可侵犯的私有空间被闯开了。

讽刺的是，这正是爱的定义——爱就是你允许自己的灵魂去探触另一个灵魂。如果你是一个不习惯信任与放心的人，你会在关键的瞬间来临前抽身、拒绝爱的到来，因为你害怕输掉自己。你会急迫地想从伴侣身边逃开，甚至想逃离那份亲密关系。也或许，你会索性放弃一切与他人的亲密和爱意，只因你知道，少了这层关系，那些可怕的、无助的、自曝其短的时刻就不会发生。

恐惧不是借口

其实你不敢面对的是什么呢？是你赤裸的自己。你怕的又是什么呢？怕模糊了人我的分际，怕失去了自我，怕被一个更巨大的力量吞没。因为那是另一种形式的死亡——是独立自我的消逝，是自我的幻灭。

婚姻是日复一日、年复一年的抉择；
婚姻不是名词，而是动词；
婚姻不是你要得到的东西，
而是一件你要努力付出的事。

很多人穷尽一生的精力和自己玩捉迷藏的游戏——他们尽一切可能来逃避面对自己的真面目，拒绝探索自己的黑暗面。如果这也是你正在做的事，无疑，你一定也害怕真相、害怕真爱、害怕真实刹那所要求的自我坦诚，而你也总能找到方法来躲开这一切。

《与狼同行的女人》（*Women Who Run with the Wolves*）一书的作者亚斯迪（Clarissa Pinkola Estes）说："害怕是束手的差劲借口。我们都会害怕，这一点都不新鲜。只要你活着，害怕就会如影随形……而爱就是在全身的细胞都喊'快跑'的时候，留下来！"

乍看之下，爱像是一种情感上的冒险，但事实上，一点风险都没有。

真正的风险是，共同生活在一个屋檐下数年，却从不曾确实认识彼此的灵魂。

真正的风险是，只知维持建立在物质条件和表面功夫上的婚姻，却回避最最重要的人性关怀和牵系。

真正的风险是，空有亲密关系而不曾享有真实刹那。

你永远不会因爱而输，却常输在不敢去爱。

重拾感觉的能力

想和爱侣共享亲密爱意，首先你得在当下完全放开自己，你不可能仅仅身在而心不在；你不可能假装倾听，心里却想着别人；你不可能在她想对你倾诉的时候，还两眼直盯着报纸；你不可能带着麻木的感官，还能徜徉在爱的时刻里。毕竟，如果你不在那个当下，那么去爱、去关怀、去卿卿我我的又是谁呢？

感情上活在当下，意味着懂得如何充分感受自己的感觉。

感受爱的存在就是建立在能知能感的这种能力上，就这么简单。如果你忘了怎样去感觉，你便不可能感觉到爱、快乐或满足。很多人在孩提时代就已丧失了感觉的能力，如今长大成人，无知无觉成了习惯——我们已惯于压抑和润饰、否定自己的情感。我们对别人发出沟通请求的回应总是“现在不是时候”“我不想谈这些”“没什么不对啊”“你还不满足吗”。我们酗酒、嗜药、吃垃圾食物、马不停蹄地工作、无休止地看电视，都是企图麻木自己的感官。然后经年累月地，我们的心满载结冰的情感，而当关怀的时刻、亲密的时刻来临时，即使我们想要掌握，也已经不知道该如何做了。

要找回感觉的能力，你要先为你的心解冻。哭出所有不曾掉过的泪，发泄出所有积压经年的愤怒，找回属于你自己的声音，让它诉说出所有隐忍已久的心事。感情的创伤需要康复，你才可能重拾爱的能力。

我投入一辈子的心力，发展打破情感藩篱最有力且最有效的方法，我需要这些方法来治疗我自己，然后和学生分享。坊间也有许多的精神导师和治疗师，各自提出他们在情绪康复方面独到的见解和步骤，不必客气，尽量利用，我们都很愿意助你一臂之力，好让你早日找回你自己。

如何开始去体验爱的真实刹那？你现在就开始吧，不要再等到下次假期，不必等到星期六晚上，也不用等看完这一章，现在就是时候。不必等到感觉对的时候，也不必等到你认为你会表现得比较好的时候。不开始做，你就永远也不会有感觉对的时候；不开始做，你的表现就永远不会进步。

正如一位宗教家所说的：

> 你得开口，才能学会说话；得认真研究，才能学会做学问；得迈开步子，才能学会走路；得真正动手，才能学会工艺。就是这么简单的道理，你要学会爱，你就得真心去爱，那些想要走旁门左道去学的，都不过是自欺欺人罢了。

爱是一种技巧，和演奏乐器、操作电脑或烹饪一样——熟能生巧。创造亲密的真实刹那，也需要练习。你可以听遍我的录音带，参加所有有关人际关系的讨论会，但是依然学不会爱。去爱吧，这是你唯一能学会爱的不二法门！

爱成习惯

许多年前，我还没开始当老师的时候，曾嫁给一位很有名的魔术师。他有本事在舞台上变换出一幕又一幕的绝妙幻象，他的一双巧手能将银币和纸卡编排出无穷的神奇花样。每当有人问起，他的魔术何以能巧妙变幻得像是不费吹灰之力时，他总以多年的反复练习和他最钟爱的一句话作为回答：

“要把最困难的关卡先变成习惯，习惯成自然，自然而生流畅美感。”

想和爱侣共享最贴心的爱，
想在亲密关系中
创造真实的刹那，
首先你得重拾感觉的能力。

第一次听到这句话是在15年前，但是直到此刻下笔，这句话在我脑海里依旧鲜活。适当地爱，很难，但只要我们不断地在这上头努力琢磨，爱终会变成习惯。然后，你不必再一次次地提醒自己，要告诉伴侣说你有多么欣赏他——你会发现自己已经这么做了；他也不必在你的要求下，才说出自己的情感——他已能自动自觉地对你倾诉了。顷刻间，去爱、去付出、去敞开心扉，对你们而言，已是再自然不过的事，畏缩不前、不去爱，反而显得不自然了。你们为对方付出的愈多，得到的也愈多，直到双方都没有一丝勉强的心意。最后，当爱意在你们的心中毫无阻隔地交互奔流时，爱已是那么自然而深沉，流畅的美感也就由此而生。

这本书的第一篇里，我曾说快乐是一种选择；爱也一样，也是一种选择。

爱是你时时刻刻都要面对的选择。你要选择去爱、去表达、去分享、去展现。你不要等到爱的浪涛席卷而至，才开始有所行动；你不要等到爱火如焚、不吐不快，才迟迟说出“我爱你”；你不要等到情欲难耐，才急急地去拥抱你太太。你拥抱、你表白、你行动，都是因为你记得，自己爱这个人，因为你知道，选择爱这个人，不仅使她快乐，你也要全心体会自己所感受到的爱，让自己也乐在其中。

邀请真实刹那来访

当你忙碌奔波时，真实刹那不会自己追着你跑。你得在亲密关系中，挪出特别适合的时间和空间，专程邀请它们造访。

调个闹钟提醒你，提早10分钟上床，然后你们可以在床上缱绻相拥。

中午在公园来个“野餐约会”。

手牵手散个步，无语也无妨。

驾车出游，不必有特定的目的地。

摇曳的烛光下，舒适的沙发上，相拥而坐。

分享彼此心底的恐惧和最狂野的梦想。

关掉电视，开始说话，看看会有什么效果。

许多夫妻的日常生活里，总是围绕着许多“旁人”——小孩、亲戚、朋友，使得两人与亲密的真实刹那绝了缘。他们绝少两人单独出游，孩子永远是用来彼此逃避的绝佳借口；好不容易度个假，也总是两三对夫妻同行。这种事你听来很耳熟吗？我可不这么希望。这样的生活方式太危险了，总有一天你醒来时，会看着你的枕边人，觉得形同陌路。

为了争取两人在一起的真实刹那，你非得自私不可。无论如何都得找出时间来，不要为忽略了孩子或朋友而挂心，他们终会感受到你们鲜活的爱，也终将因此受惠。

别忘了，你们所能给孩子的最佳礼物是做他们亲密、健康、相爱的好榜样。

亲密大补贴处方

每对夫妻都会有自己的方式来争取属于自己的真实刹那，不过，如果你还不知道该从何处着手，这儿有些小点子可以帮得上忙。

在我看来，许多人都得了爱的饥渴症，他们衷心渴求爱。你可以现在就问问自己：

“我从伴侣那儿得到了足够的爱吗？”

“我的伴侣从我这儿得到了足够的爱吗？”

我有一道“亲密大补贴处方”，能教你如何喂养伴侣的心。一日三餐是我们基本的生理需求，三餐之间还需要有一些小点心；我们的心灵也应该以同样的方式来调养。给伴侣的心一天三次爱的大餐，这意思就是说：每天三回，你以主动的方式来表达对伴侣的爱，且每回至少三分钟。我叫它作“3×3处方”——药名，浓情蜜意；适用对象，爱人；剂量，一天三次，每次三分钟。一天三次可以这样调配：早晨起床前的床上亲昵三分钟，白天通一次三分钟的电话，晚上孩子上床之后再进行三分钟亲密时间。

但是光有爱的大餐仍然不够——你的伴侣还需要很多爱的小点心。爱的小点心有很多种，可以是颈项上的轻吻、一句衷心的赞美、一张传达爱意的小字条、一声“谢谢”、一通诉说“我爱你”的电话。爱的小点心费时不多，只需几秒钟，但功效神奇，能在瞬间搭起心桥，创造出迷你的真实刹那。

再来看看你给伴侣的爱的大餐和爱的小点心是些什么内容。一如在营养学上有4大类基础食物，我们的基本精神食粮也分成三大项，我称它们作3A：全神贯注（Attention）、浓情蜜意（Affection）、赞赏感激（Appreciation）。你投入全副心思，展现你的浓情蜜意，表达你的赞赏和感激；在爱的大餐的三分钟里，你以这样的营养品喂养你的伴侣，使对方的心得到足够的养分。

全神贯注——全神贯注的意思是你得百分之百地在那儿，一分一毫都不少地全心陪伴在你爱的人身旁，除了与对方为伴，再也没有别的事占据你心里。当你投入了全副心思在爱侣身上时，即使只有短短的几分钟，对方也能因此得到亲近你、感觉你、接受你的爱的机会。看着对方的眼睛吧，问问自己，对方最需要你的是什么，你当然知道答案。记住——只有在我们全神贯注的时候，真实刹那才会来临。

浓情蜜意——展现你的浓情蜜意指的是身体上的亲密——抚摩、拥抱、身体亲密的接触。此处所谓浓情蜜意，与其说是专指性关系，不如说它是爱。身体上的亲密接触，有舒缓身心、促进健康的效果，甚至可以强化我们的免疫系统。身体方面的接触也有助于你和伴侣之间情感的交流。

赞赏感激——表达你的赞赏和感激，是要你以言语说出你的爱意，要告诉你的爱侣为什么爱他、为什么觉得感激他以及他做了什么令你觉得很骄傲的事。其实我们大多数人都没有得到足够的赞美，都渴望有人表示对我们的欣赏。请注意，我在这里所说的，不是教你“做”些什么事来表达你的赞赏，诸如帮太太铺床或帮先生洗车等，这部分的处方专指言辞。你必须清楚地说出来：“谢谢你早上在我心情很坏的时候，那么有耐心地对我。”“你能争取到这个新客户，我真以你为荣。”“儿子这次的成绩全部是优等或甲等，你的奖励让他觉得他很优秀，我喜欢你的处理方式，你真是个天才妈咪。”

一天三次，每次至少三分钟，用这三个方式来喂养爱侣的心，保证会有令你意想不到的效果。你会看到爱侣的脸上开始绽放出动人的光芒，你会感觉到更浓的爱意，同时你会享有更多的真实刹那。

当然，别忘了还有爱的小点心。自从有了这些小发明之后，我和杰佛瑞便开始每天身体力行。一天里总有好几次，我们之中的一个会微笑着靠向对方，说一声：“爱的点心！”对方就懂了，然后两人会立刻来一个拥抱或轻吻。每次有朋友看到我们这么做，并经过我们的解释之后，从不例外地，太太一定会转向先生说：“嘿，我也要一个爱的小点心！”

这道“亲密大补贴处方”的目的是要让你养成习惯——和爱侣一起享受爱的真实刹那。或许听起来好像只是一些俏皮小玩意儿，但是对你们的亲密关系却有着脱胎换骨的功效,。

爱的步骤

这里有一些教你按部就班表达爱意的方式，我称它们作“爱的步骤”，这个步骤会产生立即的亲密和真实刹那。在你和伴侣能够单独相处、不会有人来打扰的时候，你们就可以试一试这些步骤。比较好的坐姿是面对面或是肩挨着肩，同时握着对方的手。在每一个步骤里，你们交互轮流，说出引句之后，同时接出自己的答案。答案陈述得愈明确，这个步骤就愈有效。你每完成一句，对方都应该先表示感谢，然后轮到对方说下一句。

以下是几个引句的范例。你自己的答案可能长过这些范例，这样很好，任何一个答案都不限时间和长度，完全决定于你自己的需要和意愿。不过我还是建议不要少于10分钟，当然愈长愈好。

表示欣赏的步骤：

“我喜欢你的……”

“我喜欢你在我每天下班回家的时候，对我表现得温柔周到，让我觉得可以完完全全地放松，尽情享受你的照顾。”（谢谢。）

“我喜欢你的幽默感——你总有办法在我太严肃的时候，逗得我发笑，这是我很需要的！”（谢谢。）

“我喜欢你对我们的婚姻如此尽心尽力，总是在我打算放弃的时候，仍坚持与我沟通。你对我从不绝望，也一直让我在敞开心灵时感觉安全稳当。”（谢谢。）

“我爱你，因为……”

“我爱你，因为你总是愿意倾听我的感觉，虽然有些时候我也知道那令你很不好受，但你总会让我觉得我想说的话都是很重要的。”（谢谢。）

“我爱你，因为你相信我，也相信我对这个家所抱持的梦想，从来没有人像你这么支持我。”（谢谢。）

“我爱你，因为每当我看着你和孩子们玩在一块儿的时候，我总会看见你心里的那个小女孩跑了出来，那是全世界我所见过最甜美、最有爱心的小女孩。”（谢谢。）

表示感激的步骤：

“我很感激你，因为……”

“我很感激你，因为你在我们决定结婚的时候，接纳了我的女儿，而且把她当亲生女儿一样看待，给了她从未享有的母爱。”（谢谢。）

“我很感激你，因为你没有在我害怕承诺的时候，放弃我们的感情，并且帮助我重新学着相信爱。是你救了我。”（谢谢。）

“我很感激你，因为你在我和我前夫纠缠得精疲力竭的时候，能够耐心对我，甚至在我迁怒于你的时候，你依然爱我。”（谢谢。）

表示歉意的步骤：

“对不起……”

“对不起，我知道我有时候会让你觉得很难相处，有时候还会拒你于千里之外。我不是故意要让你爱我爱得这么辛苦，我只是觉得害怕。请原谅我。”

“对不起，上礼拜我对于你整修房子的意见做了不留情面的批评，让你觉得好像没有做对过一件事。我太粗枝大叶了，看不出来其实你是多么用心想要改善我们的生活。我向你道歉，请原谅我。”

“对不起，我没有常常让你晓得我有多么需要你，我总是忙着工作，让你觉得被忽略了。对不起，我没有每天告诉你：你其实是我生命里最最重要的。请原谅我。”

我曾亲眼目睹这“爱的步骤”，为包括我自己在内的数以千计的夫妻，创造了美好的奇迹。“爱的步骤”之所以奏效，因为它能打开你的心门，让久候多时的爱意缓缓流出，同时来自伴侣的爱意也能得其门而入。我衷心企盼读者都能因此享有更多珍贵的真实刹那。

人性中很不幸的一部分就是，我们总是对已拥有的一切视为理所当然，等到一朝失去再也无法挽回的时候，只有拭泪自责，嗟叹时光无情。

一旦遇到对你的生命有不凡意义的人，就去爱吧，不要再等了，一天都不要耽搁，现在就去爱吧，时间的流逝可不是操纵在你的手里，虽然你可能以为自己有这本事。每一个爱你的人都不过是向上帝借来的，每一分、每一秒这个人都有可能被收讨回去。我这么说可不是在吓唬你，相信我，我自己也不喜欢这样的安排，但事实上就是这么一回事，这也是每一个爱的日子都是那么珍贵、那么重要的原因。

让我说两个故事给你听。表面上看来，这两个故事都和死亡有关，但真正的含义却是关乎生命的意义。

献给巴比

大约在8年前，我每个月都会在洛杉矶主持一次“让爱奏效”周末研讨会。有一位学员约莫50开外，事业十分有成就，他每天工作18个小时，拥有相当可观的财富。但是这么多年来，由于专注于工作和事业，他忽略了妻子和3个儿子，以致25年的婚姻濒临了破裂的危机。这个男人非常颓丧——他一直以为自己是个好丈夫、好父亲，他不知道自己做错了什么事。连他的心理医生也没有办法让他好过一点，只好介绍他来参加研讨会。

在两天的课程里，这个男人做了几件他这辈子从没做过的事——审视自己的内心。在心底的最深处，他发现了一些他从未察觉的感受：他不曾对妻儿表达过的爱；对父亲的愤怒——从孩提时候就驱策着要他飞黄腾达；以及最深沉的悲伤——因为有了这样的发现，却已然来不及挽回婚姻。他哭了，长大之后的第一次，他哭了。那个星期六的晚上，他告诉我们：虽然他已经来不及挽回他的婚姻，但是他下定了决心要重新开始，改善和儿子的关系。“我实在等不及要让他们知道，我有多爱他们。”他得意兴奋地对大家宣布他的决心，我们也都为他的破茧而出大声欢呼。

第二天一早，我们课程才刚开始，一位工作人员便慌慌张张地闯了进来。“有一位妇人带着两个儿子在大厅里，”她对我耳语，“他们说要找在这里上课的爸爸，好像是因为他们在欧洲的弟弟，今天早上骑单车被撞死了。”

我吓了一大跳。瞬间，我明白他们要找的是谁了。我们请他到大厅去，他的妻子告诉了他这个噩耗。他悲恸的呜咽和痛苦的嘶吼声传来，让我们每一个人牵手相慰。然后突然间，教室门打开了，他走上讲台，问我是否可以在离开之前对全班讲几句话。

我想，我到死都不会忘记那一幕。他就站在我们面前，老泪纵横地说道：“我要说两件事。第一，感谢上帝，这个周末我能来到这里，学会怎样去感觉，如果不是这次研讨会，现在我很可能连为我的儿子哭泣都做不到，我可能还是像以前那样麻木。

“第二，你们都知道我原本对未来有多兴奋，因为我好不容易懂得了要告诉儿子，我是多么爱他们、多么以他们为荣。可是现在我再也没有机会让巴比知道这些了，因为他已经走了，我再也没有机会了。所以我求你们，如果我对你们能有一点点贡献的话，那就是：不要像我一样，不要等到一切都已来不及。如果在你的生命里有你爱的人，今天就告诉他们，今天就让他们知道，因为你永远不晓得明天他们是不是还在你身边。”

他的话直透人心，在场的每一个人都哭了。我们的心都不禁飞向了自己心爱的丈夫、妻子、兄弟、父亲或孩子，各自祈祷在我们赶去诉说亲爱之前，他们都活得好好的。

这位先生离开之前，我坚定地告诉他——巴比的死不会空无意义，因为在我的有生之年，我一定会在所有适合的场合分享这段故事，提醒每一个听到这段故事的人——现在就爱吧。所以这一段文章是献给你的——巴比。

纪念爱伦

包爱伦是我们教会牧师的太太，也是我的好朋友。她和癌症痛苦地搏斗了很长一段时间，终于在3年前撒手人寰。爱伦和我年纪相同，过世的时候才40岁，当时她的儿子约翰逊才5岁。

第一次看见爱伦的时候，很难想象她患有癌症，因为她的外形实在是非常健美。她全身都散发着一种让人忍不住要多看两眼的耀目光彩，那是一种生命和爱的光辉。大家都相信：如果有人能克服癌症的挑战，那个人一定是爱伦。

爱伦坚强勇敢的灵魂的确克服了癌症的挑战，就正如她的灵魂帮助她达到更高层次的自觉，给她力量完成心灵的精进与升华；但是她的肉身却无法摆脱病魔的纠缠，经过多年各种磨人的治疗，她知道时辰到了，于是静静地离开了我们。

死亡总是不受欢迎的，但爱伦的病和死显得特别让人难以理解。她和她的丈夫戴伟是少有的恩爱夫妻，她对戴伟的牧师工作非常支持，每年都有数以千计的群众受到她慈爱的照拂。当她的死讯传来，所有爱她的人都痛不欲生。

去参加葬礼的人多得难以数计。爱伦的亲友、医生、儿子、丈夫，先后出来和大家分享他们所珍藏对爱伦的记忆、他们的痛苦、他们的失落以及最重要的——他们对爱伦的爱。在场每一个人除了深深的感动外，仿佛也都感觉到爱伦的灵魂就在我们身旁。历时数小时的仪式，充满了笑声和泪水，我们颂扬这位名叫包爱伦的女性，并且接受她的形体已离开我们到另一个世界的事实。

我们必须改变我们的观念：
值得纪念的，是生命，而不是死亡。
为今天创造真实的刹那，
不要等到明天才发现空留回忆。

记得在仪式中，我曾忽地抬头环顾整个礼拜堂。我看到每一个人，甚至是陌生人，都紧紧地手牵着手。在这一刻，爱显现出无可抗拒的力量，我却在这一刻感受到无以名状的哀痛。“为什么一定要等到我们所爱的人过世了，才来颂扬他们呢？”我问我自己，“为什么当我们对一个人尽情表达心中的爱和赞美时，那人总是已无法亲耳听见我们的心声？为什么我们不能在对方还好好活着的时候，以同样深浓的感情来交换彼此最珍惜的故事、回忆和感觉？”

在我们赞扬爱伦是位无与伦比的好妻子、好母亲，也是一位出色女性的时候，爱伦本应站在我们的面前，在满室鲜花的环绕中接受我们的赞美。爱伦一直深受大家的喜爱，可是我实在不能不心疼地想到：竟然是死亡，才将她推向了最受瞩目的焦点。

在你的生命里占有一席之地的人，都确知你有多爱他们、多么需要他们吗？别等到他们离开了人世才颂扬他们，别把你赞美的话留到追悼会上才说。爱他们，不要等、不要迟疑，现在就去。

为你所爱的人举行一场“生之庆”吧！邀请他的亲友、家人、邻居，请他们一起来分享大家对他的赞美和感激吧！

看看你的四周——有人正需要你的爱，满足他们的需求吧。那一刻，你将是上天赐给他们的恩典。

第八章　让灵魂自由奔放——给女性

哦，大地之母，一切生命的源头，
从盘古开天辟地之前，
穿过时间的迷宫来到我的眼前，
让我记起了祖先们的智慧，
和女性永恒生之源的力量。

——奥思顿（Hallie lglehard Austen）

我以一个女性的立场来写这一章，写给同样身为女性的读者，希望可以由此找到我们滋养身心所需的真实刹那；当然这一章也为爱护女性、希望了解女性的男士而写。

女性，如你所知，本能地就知道什么是真实的刹那。真实的刹那根本就是女性天然的领域，我们徜徉在真实的刹那里，就像在家里那样自在，好比鸟儿乘着风的翅膀翱翔，任风之所至而至。翱翔空中靠的是能将自己全然交出，随风翻飞遨游，女性深知其中奥妙，所以能如此长于在内心世界的溪壑、峡谷间自在滑翔——因为我们懂得如何交出自己。我们的身体可以说是为此而生的，我们在性爱中交出自己，接纳心爱的人；每个月的生理期我们交出自己，释放出不再有用的血；生产时我们更是全然放弃自己，让我们的儿女得以来到世间。只要我们愿意，我们便能轻易地沉浸在真实的刹那里。

女性像是炼金的术士，能把寻常琐事幻化为神妙奇迹。我们能把带着孩子在街头散步变作一场引人入胜的探险；一间空屋，我们可以这儿摆几盆植物、那儿挂几道帘子，家的味道就出来了；和爱侣的静心交谈，也可以成为一次真心交流的机会；插一盆花、包一份礼物或一个拥抱，这些简单的动作都可以变成感情丰沛的神圣时刻。我们能在每一件俗事杂务里看到神迹和爱，那是我们与生俱来的本领，也是最令男性畏惧之处。

自古以来，女性便比男性更容易接近真实刹那，原因很简单，实在是我们在世间所被安排的角色使然。世间的角色安排不允许我们走出家门、参与社会，于是我们专注于内心世界。我们留在家里养育孩子，和孩子之间有更多相互关怀的时刻，我们也拥有更多独处静默的时光。我们烤面包、整理花圃，我们看书、织毛衣，我们祈祷。

自由谋害女性？

然而在过去的19世纪里，我们获得自由，可以和男人一样平起平坐，但同时，我们也失落了灵魂的核心。所有男人的困扰——伴随压力而来的各种疾病、身心方面的过度耗损、心中无法享有一刻安宁，我们都全盘接收了。我们的自由正在谋害我们，真实刹那正从我们手中失落，我们渴望把它找回来。

女性在世间一向是扮演付出与滋养的角色——不论从生理基因或心理养成各方面来看，我们都注定要照顾身旁每一个人。我们总是比男人早一步看出别人的需要，知道什么时候宝宝快要哭了，也知道什么时候丈夫的情绪需要发泄了；有人打喷嚏，我们会递上纸巾；有人生气，我们会给他一个甜甜的微笑。我们愿意做任何事来使每一个人高兴，我们是使别人快乐的人，我们是衷心愿意付出爱的人。

问题是，我们总是把取悦别人当成头等要事，却常忽略自己的快乐。惯常牺牲的结果，是剥夺了自己享有真实刹那的时间和机会，尽管我们那么渴求真实刹那且懂得享受其中美味，我们却已和自我的核心渐行渐远。

你知道令女性觉得最不堪的形容词是什么？自私。大多数女性宁可接受其他任何形容词，你可以说我是胆小鬼、软脚虾、为爱成痴，但你就是不能说我自私。你说我自私，就是觉得我没有考虑到你的需要；你说我自私，就是认为我没有为你着想；你说我自私，等于骂我是畜生；你说我自私，等于说我不是女人。

做太多了

从小，父母便不断地耳提面命：爱就是要周到地顾虑每一个人的感受。没有一个父亲会像教儿子那样，对他的女儿说：“小宝贝，出去好好给他们点颜色瞧瞧，把他们一个个给比下去。”但是父亲永远会告诉女儿要温柔、要大方、要善解人意、要懂得说对不起、要宽宏大量。这些都是很好的行为，男性在这些方面还要多多努力。但是对女性而言，我们已经做得太多了。甚至，我们在应该坚持“受”的时候，仍然“施”；我们在应该发出最后通牒的时候，依然愿意不计较；我们在应该要求道歉的时候，却先说“对不起”。

对女性来说，花点时间享受真实刹那是攸关心理和心灵存续的大事。如果不这么做，迟早我们会被身旁不断向我们需索的人和事榨干。我们需要为自己腾出一天、一个小时，甚至只有5分钟也好，专为自己，不为其他任何人。想要成就无间断地付出而不致心怀怨怼或在情绪上油尽灯枯，我们宽大慈悲的心灵也需要定期补充燃料：我们需要静默、需要空间，我们需要倾听自己心中的想望，而不是别人的期望。

但是我们不得不承认一项事实——我们在“自私”这方面，表现得实在很不出色。专为自己做了一些事，就会令我们很不安，会有罪恶感，总觉得自己这么做是背叛了所有的人——丈夫、孩子、小狗和有困难的朋友。我们常为了对自己好一点而觉得亏欠了别人，尽管我们只是独自去休一天假，关起房门看两个小时书，或是因为去上课而让家人在外头吃一餐。

男人在自私方面的表现可以说是得心应手，我说这话是褒不是贬，至少在这里没有贬的意思。他们如果想要晚饭后丢下家人去研读一篇文章，没问题，他们可以毫不犹豫地走开，不必抱歉，不必偷窥你的脸色，看看你是否面露不悦。他们可以把你和其他人统统不放在心上。那么为什么独独我们女人想进修、想充实自己的时候，还得找各种借口才能抽身呢？为什么在独享片刻真实刹那之后，我们总觉得该对家人朋友加倍补偿？

享受真实刹那吧，重新寻回你的自我吧，不要再去担心别人怎么想。如果你向来是个有求必应、无私无我的人，那么你一旦开始保留一些属于自己的时间，那些已惯于依赖你的人，那些把你当作是情感精神的支柱、免费司机、三餐供应站、自动洗衣机、免费咨询顾问的人，恐怕不会太高兴。他们还可能公开表示他们的不满，或以消极的方式赌气抗议。别理他们，迟早他们会习惯你的专有时间表，甚至只要从你的眼里看到新的光彩、感觉到你内心的从容祥和，他们就能因此受到鼓舞。

开始写这本书之前，我就很清楚自己享有独处的真实刹那并不够。那几个月，在时间的分配上，我做了很大的改变。很多定期办的研习班，已成许多人的生活支柱，我把它们全停了；很多我不感兴趣的社交场合，我不去了；现在，这本书的进度已经到一半了，我甚至不接听电话，只请助理告诉来电的人：我会隐居到写完这本书。这着实惹恼了一些朋友和认识的人，他们很难相信一向对他们有求必应的我，竟然会在他们需要我的时候不理不睬。当然，没有人真的跑来指着我的鼻尖说："你竟敢把时间留给自己，你这个自私的家伙。"不过我可以感觉到，确实有人是这么想的。

那么我的感受又如何呢？真是美妙得无与伦比，棒极了，我终于平衡过来了。长时期地付出、付出、再付出，我当然极度需要充电，为内心支撑自己的源泉补充养料。

美国女作家林伯格（Anne Morrow Lindbergh）曾不平地说：

> 这就是女人的命运吗？她总是把自己毫无保留地分给每一个人，所有作为一个女性的天生本能——对孩子、对男人、对社会的永恒给养者，都不断驱策着她去付出。她的时间、精力、创造力，就是这样，只要一有机会、一有空隙，就往这些孔道汩汩流去，直到自己干涸枯竭为止。

男人却永远能将自己完整地保留给自己。他们知道自己的分际在哪里，知道哪里是自己的尽头、是外在世界的开端。偏偏女性和周遭世界的划分却是那么不清不楚，随时可以穿越渗透，边界模糊不清、千疮百孔，我们的灵魂就从这些穿孔一点一滴地流失。女性和身外的世界总是处于索取和给予的过程中。

月亮的孩子

所有的女性都是月亮的孩子。我们的身体随着月亮的周期而变化——月亮对我们的影响一如它对海水的牵引，在我们的灵魂深处引出无形的潮与汐，除了自己能清楚地感觉到，外人谁也看不见。就这一点来看，我们的身体永远不可能完全属于我们自己，它属于月亮。而在怀孕的时候，我的身体则属于我的孩子——整整9个月的时间，有一个人活生生地住在我的身体里。即使在生产之后，也还没了结——当我的奶水源源不断地流向孩子的嘴里时，我的胸部属于我的儿女。

在亲密关系中亦复如此。我们天生是被穿透的一方——为了要能完全无间隙地结合在一起，我必须开放自己来接纳我的爱人。他以他身体的一部分进到我的体内，他所碰触到的幽暗隐秘的角落，是我自己也无法到达的地方。一个在此之前原本专属于我的地方，现在容纳了另外一个人。

尤有甚者，并非只有我们的身体是如此自然地取予，我们的心理也在相同的轨道上运作。不论是漫步街头、走进室内或在电话上，我们总会心不由已地感应到属于旁人的感觉——别人的愤怒、伤痛、渴望，那些是我们其实根本不愿意知道的一切。

某处有个小孩哭了，你的一部分精神立刻飞了过去，想安抚那孩子；千里之外发生了一桩悲惨的事情，你发现你的一天都毁了，因为有一部分的你已经不由自主地去到那儿，你要安慰他们、帮助他们。这些都不是我们自己能做主控制的，完全是女性特质的本能使然。大自然的力量牵引着我们，我们以不假思索的直觉回应。

需要回向内心

可穿透的特质使得女性拥有绝佳的弹性，重挫之后能够迅速恢复心智，好整以暇，重新出发。然而我们也因此常常生活在对外界的各种引力过度迁就、过度反应的危险状态下，这使我们常被牵离自我的中心，进而丧失自我。

我们需要拥有一些回向内心的片刻，在这些片刻里，我们可以关上几乎是恒常敞开的心门。在这些片刻里，我们的身体、情感和心灵只为自己的需求、自己的梦想和自己的声音开放，任何其他人、事都要被拒于门外，我们需要属于自己的真实刹那。

店家也需要有关门盘点的时候，用不着担心顾客。等你再度开门营业时，他们仍会上门光顾。

我所认识的大部分女人，一生都在不断把自己碎成片片段段分给别人。一片属于最爱的另一半，每一个孩子一人一片，还要分给朋友、父母、公婆、姑嫂、上司、下属、社团以及凡向我们伸手要的人，甚至没有伸手要而我们主动给的人。我们将灵魂散成碎片四处分发，像是漫不经心的布施，却在蓦然回首时，发现自己竟然空虚不已且情枯意竭，而我们似乎还看不出来这究竟是怎么一回事。

如果你觉得是别人来夺走了你的权利，那么你永远也别想要回来了，因为你不曾主动放弃过；但如果你认为是自己将权利交出去的，那么可以开始一点点地收回了。

我的女性意识真正觉醒，是在我开始逐一收回我的灵魂碎片的时候。那些流落四处的碎片，是我的灵魂、我的真诚、我的自尊、我信奉的真理、我的信念，我曾将它们交给了我的父亲、我的前夫、我的爱人、我的老板、我的老师、我的合伙人。有些碎片在我还是孩子的时候就已自动放弃了，那时我盼望的是借此得到爱，盼望爸爸可以留下不离开；而当他终于还是走出了家门，我又期盼他能因此偶尔回来看看我。有些碎片是在谈恋爱的时候拱手让出的，希望能借此避免冲突，让所有事情看起来都很美好，让那个男人觉得我是最适合他的，让他不再去找其他女人。有些碎片在我该为自己疾言争取，却依旧静默的时候，交了出去；有些在我明明觉得不够，却装作满足的时候，交了出去；有些在我该咆哮怒吼，却只敢轻轻啜泣的时候，交了出去；还有些在我该调头离去，却仍微笑留下的时候，交了出去。

以灵魂贿赂

如今回首，这样的交易无异于以灵魂贿赂。我们以自己的灵魂为筹码，而在这个过程当中，背叛了我们自己。为的是什么？为了可以说我们拥有亲密关系？为了手上有一枚戒指，以证明有人爱我们？为了不必孤单度过周末的夜晚？为了有栋好房子和优越的物质享受，而不必在乎内心的痛苦？为了孩子们可以有个父亲在身边，而不管他其实是个彻头彻尾的人渣？

每一个女人都有她自己的价码，不同的女人会受不同的诱因所迷惑而出卖自己。拿我来说，“归属感”对我具有最大的诱惑力。从前的我，几乎愿意付出任何的灵魂代价给爱人、朋友、老师——只要他们表现得像是专为我一个人、愿意陪在我身边。对很多女人来说，安全感是最重要的。我可以立刻想出至少10个这样的朋友，她们还待在丈夫的身边只是因为觉得“生活得很舒适”，不愿意改变她们的生活方式。她们宁愿过着毫无热情、不忠于自己的生活，也不愿放弃可以开高级车、住大房舍、24小时有佣人服侍的日子。

我为那些只为享受浮华虚名而出卖灵魂、放弃自己姓氏的女人悲哀；我为那些只为了要一个男人能接纳她，而甘愿改变自己的价值观、信念甚至胸部尺寸的女人悲哀；我为所有割让灵魂的女人悲哀。

那样的时刻总会到来——不将碎成片片的自己收拾完整，便再也无法向前迈进一步。那样的时刻总会到来——对割让出去如孤儿般的碎片弃之不顾，便永远无法享受片刻内心的安宁。当那样的时刻到来，你将忽然觉醒，你知道你必须有所行动，你必须去找回你散落的灵魂。

找回自我

我们究竟该怎么做呢？不同的人需要不同的方法。对某些灵魂力量已所剩无几的人而言，她们得离开现有的生活、离开身边的人，才可能找回自己；有些人应该安定下来，不再逃避爱；有些人得试着说出自己的心声、说出隐瞒已久的事实真相；有些人最好闭上嘴巴，学习倾听自己的心语；有些人应该换个差事；有些人需要找份工作；有些人该为人我之间的相处，订立新的模式；有些人则需要破除一切规范；有些人需要关上门、拔掉电话，隐居一段时间；有些人却应该走出来，不再躲藏。

女性要找回完整的自己，

和发掘自我没有多大关系，

最要紧的是

寻回散成碎片、分了出去的自己。

慢慢地，逐片地，我们将自己一点一点拼凑回来。每一次我为自己的心找回一个碎片，我的灵魂便会雀跃不已，像是母亲迎接失散多年的孩子回家那般喜悦。每多接一个碎片回家，我对我的生活便又多一分勇气，少一分畏惧。

有一个关于小木棒的故事，我听过许多遍，也听过许多种不同的版本。如果你只取一根小木棒，你可以轻而易举地折断它；但是如果将这根木棒和其他很多的木棒绑在一起，再试试看能不能折断它们，你会发现，折不动了。一整束木棒的力量太强了，一个散失了灵魂的女人就像是一根孤单的木棒，很容易就会被折损；但是懂得将自己片片灵魂牢牢系在一起的女人，便拥有完整的力量，不会轻易被击倒。

女性寻回完整自我的路途并不好走，至少我的这条路就不是一条坦途。有时候我们不知道从何着手，不知道该如何踏出第一步去找回真实刹那，因为我们已久未尝到真正情感自由的滋味。你们有没有看过那些描写从一出生就被养在笼子里的动物的纪录片？牢笼一旦打开，这些动物的第一个反应，几乎都是拒绝走出牢笼。你可能以为它会迫不及待地冲出来，享受它好不容易获得的自由，事实却正好相反；在它的观念里，那道门还在那儿，因为它始终是在那儿。所以即使门已大开，它也只是静静地坐在它的牢笼里，不敢越雷池一步——尽管“雷池”已成过去式。

焦躁的风

让我告诉你们一个真实的故事——我怎样学会让自己的灵魂自由奔放。

许多年前，我每隔一段时间，就会经历一场威力强大的焦躁期。这样的焦躁已像是我的老朋友——从我16岁开始，这种情绪就时常像一阵风一样，在我的生活里来来去去。每一次焦躁的情绪开始浮现，总要捣乱我生活里所有井然有序的安排，带来莫大的困扰，或者更精确地说，是我会惹出许多麻烦。因为只要一感觉到那股焦躁的风在我心里鼓动，我就会进入一种类似灵魂发烧的状态，开始发疯似的想尽办法要去满足那突如其来的求变渴望。

焦躁的情绪不算太强烈的时候，我会做一些像大扫除、换新车或出国旅行这样的举动。但曾有好几次，那股焦躁的狂风吹得我完全失去控制，结果就有一些相当戏剧性的行为：坠入一场不该发生的婚外情、离婚或转行换工作。不过，焦躁的风从没有真正把我吹离航道，我所有举动的后果，也都像上天注定似的相当圆满，因为所有在那样状态下所做的改变，其实都是原本早就该完成的。只是每一次的过程都那么仓促突然，常让我身边的人觉得精疲力竭且痛苦万分，我自己也常震慑于那焦躁的威力。

杰佛瑞和我刚开始在一起的时候，我觉得自己好像患有难以启齿的隐疾。我该怎么跟他说呢？难道就告诉他：“我这毛病常发作——我会变得有点疯狂，这一部分的我会在那时候出现，如果你看到我发作的话，请记住这绝对不是针对你而来。”我愈来愈害怕这股焦躁的风，害怕它会破坏了我和杰佛瑞的关系，害怕失去这辈子所拥有的最美好的东西。当然，这种事不是我主观意愿想做的事，我哪一次都不希望它发生，它却一次又一次袭来。于是我对自己发誓：“这次，我一定要先准备好，等它发作。”正是“毋恃敌之不来，恃吾有以待之”！

它果真来了。首先是肾上腺素引起的小微风，还算清凉宜人，接着便是那再熟悉不过的冲动——如狂风骤雨般要冲出牢笼的欲望。但是哪里有什么牢笼呢？这次，我原本就快乐；这次，我知道我该守在原来的地方；这次，我不需要那股风来解放我，我很满意现有的状况和现处的亲密关系。

于是日复一日，我不断和心里那股力量对抗。它总是轻声催促着我：“跑啊……跑啊……”我不禁疑惑，到底是谁要我跑？要我离开什么？要我跑去哪里？我祈求上苍给我答案，祈求上苍让我看清真相，并赐我智慧以赢得这场胜仗。

我的老师，水晶

心灵导师常以各种不同的面貌出现在我们面前。他们不会总是穿着白色的长袍，甚至他们不会知道自己正发挥着导师的功能。他们在你需要有人点化的时候出现，为你指引出前路的方向。

在这段风狂雨骤的期间，我的导师是一只狗——水晶。水晶是一只美丽的爱斯基摩犬，来自西伯利亚，它就住在我的对街。在我开始养碧珠之前，我一直都很怕狗，可以说是怕得要死，尤其是大型的狗。是碧珠带着我去和附近邻居的狗交上朋友，并且带领我认识奇妙的动物世界。所以当我的邻居把出生不久的水晶抱回来的时候，我就心想：趁它还没长大，这是我的大好时机——接近大型狗、克服我对它们的恐惧感。

那是个夏天，水晶刚满4个月，我的邻居告诉我他们要出游几天，水晶不能跟他们一起去，但是有一个朋友会每天来喂东西给它吃。我还记得当时我很担心，心想："它还只是个小娃娃啊！"可是体重有100磅的它已经是一只不折不扣的大狗了，我的邻居也再三强调，它不会有事。那天深夜，我在睡梦中被一阵令人毛骨悚然的怪声惊醒。起先我不太能确定那是什么声音——我只感觉到那声音直透我心。然后，我发现那是水晶的声音，它正像狼一样地哭号着，寂寞孤单地哭号着。

神奇力量相牵引

我蹑手蹑脚起身，在一片漆黑中，走向邻居空无一人的房子，打开后门。水晶就在那儿，浑身颤抖地坐在门口，它浓密的毛在月光下闪着银光，我跑过去抱着它。“可怜的水晶，”我轻轻地对它说，“他们都走了，留下你一个在这里。你一定以为他们不会回来了，可怜的小东西。”我把这寂寞的大块头抱起来，像摇婴儿入睡那样地轻轻摇着，它的鼻子则不断在我身上磨来磨去。我走的时候答应它，第二天会再去看它。

没想到第二天清晨下了一场大雨，这在南加州的7月是很罕见的现象。我知道水晶完全没有躲雨的地方，它的主人一定没有料到会下雨，它的门口也没有遮雨的棚子。我赶快收拾了几条干的毯子和几个大塑胶袋，急急跑去水晶家。它就站在那儿等我，全身湿透，抖个不停。我紧搂着它，帮它打理出一个不会淋到雨的地方让它躺下，安慰着它，叫它不要害怕。

几天后，它的主人回来了。他们谢谢我对水晶的照顾，而我和水晶之间的关系却从此大不相同。如今我们的心已深深相系在一起，维系我们的是一股什么样的力量，当时的我并不太能理解，只隐约知道绝不止于我曾照顾它的这层情分，而是一股神奇的力量将我们牵引在一起。我渐渐觉得看着水晶被关在篱笆里是件很不愉快的事情，它可以在一个很大的后院里跑来跑去，但是从来没有人带它出去散散步，它也从来不曾见识过它家以外的世界。每当我和碧珠经过它家，它总会把头探出篱笆，望着我们呜呜地哭起来。而我，只能含着泪，强自忍住那份冲动——我多么想冲进去带它出来，带它到山谷间尽情奔跑！“我不知道为什么这只狗会对我有这么大的影响力，”我也和杰佛瑞讨论过，“我知道它的家人都很爱它，它也很爱他们，但我就是很想把它从那道篱笆里带出来。”水晶从此成了我朝思暮想的对象，而我始终不明白所以然。

水晶的出走

有一天，我正坐在电脑前埋首写作，隐约中好像听见有人在前门敲门。我走下楼去，打开大门一瞧，真是非同小可的一惊，是水晶！它极有教养地端坐在我的门前，狂热地摆动着它的尾巴。“你怎么跑出来了？”我不敢置信紧紧地抱着它。我带它走回对街，我的邻居也吓了一跳，不敢相信水晶会出走。“可能有人没把篱笆门扣好吧！”她一边猜测水晶跑出来的原因，一边把水晶带回后院。当我转身回家时，恍惚间似乎瞥见水晶对我微微笑了一笑。

之后，水晶开始在篱笆门边挖洞。我知道它的企图，它想逃出去，它想到外面痛快地跑跑。它成功了，每隔几天，我就会在我的门前阶梯上看到它，深邃美丽的一双眼睛闪烁着开怀狂野的喜悦，爪子上还沾着厚厚的一层泥，硕大的身躯抖擞着无比的兴奋。我的邻居一次又一次把洞填回去，水晶便一遍又一遍地挖，一趟又一趟重复着它例行性的出走。我在心里则默默地为它发出无声的喝彩。

有一晚临睡前，我随手抓起《与狼同行的女人》开始翻读。作者亚斯迪道出了我们这些渴望灵魂复活、渴望忘情奔跑者的心声。那天夜里，我梦见了水晶。我看见它偷偷挖着地道，逃出它那围得密不透风的后院，我听见它以最原始的嗥声向我呼唤。第二天早上醒来，一切的一切，我都懂了。

水晶是我的一面镜子，是我心底那个狂野女人的再现，是那个有生以来就被我锁在重重门后，激情、神秘、本能的我的化身。长期以来，她从她舒适却不自由的牢笼里对我哭泣，那样的哭泣来自长久的渴望，渴望不受拘束的自由行动、开怀忘情地奔跑和大声唱出灵魂的声音。她的哭声召唤着我，于是我那焦躁不安的灵魂也不由自主地哭泣着回应。我们原是来自同一个狼群的姐妹啊，她以她灵敏如狼的方式，比我早看清这一点，她从我的眼里，早已读出我那徘徊不安的灵魂，正在我自己竖起的篱笆下，努力地扒着向上，巴望着无拘无束地奔跑。

每一次水晶出现在我门口，我都会为它的出走暗自称庆，因为这是我很想做的事——穿透自己情感的藩篱，穿透从小到大奉行不悖的所有该与不该，穿透所有的画地自限，限制某些部分可以展现给丈夫、朋友或人前，某些部分必须谨慎掩藏。现在我终于明白了，明白了自己何以焦躁不安，明白了是谁老在我耳边出其不意地轻唤着："跑啊……跑啊……"那是我心底那个狂野的女人，多年来我不停地努力将她埋藏起来，她却在不经意间从土里冒了出来，声声警告着我：除非我能冲破自我的藩篱，否则终将窒息而亡。难怪差不多每5年，我就会发疯似的撒一次野，干下一些让人震惊甚至大逆不道的事！原来我就像一只终于挣脱经年拴绑的狗，兴奋地冲上了街，使尽浑身压抑多年的精力，把所有邻居的垃圾桶全给翻了过来。

只想出去走走

水晶给了我答案：我所向往的不是叛逃出走，而是自由；我并不想逃走，只是想出去走走。

水晶每次完成了它小小的出走之后，总会乖乖地回到自己家里。它并不想永远地离开那个家，它只是想偶尔出去遛一遛，这也正是我的心意。我原就知道我再也不用远走他乡去寻找我的自由，我只是需要多一些喘息的机会，让心底那个狂野的女人能出来尽兴地跑跑。

是水晶教会我如何让灵魂出来喘口气。现在我不必再像从前那样，三不五时得经历一次狂乱的焦躁期，如今只有轻轻拂面的微风了。每当微风吹过，我知道那是提醒的信号——该出去遛遛了。然后我为自己休一天假，或写写诗，或出去和女性朋友聚一聚，或去听一场感恩逝者（Grateful Dead）的音乐会、舞个浑然忘我。然后，回家。

你怎么知道什么时候该让自己的灵魂出来遛遛？当你变得暴躁易怒、厌倦无聊、苛刻挑剔、惶惑不安、浑身无力或有些疯狂的时候。

你想吃不该吃的东西，想把孩子送人，想告诉丈夫“你自己去找你的鬼车钥匙”，想搬去旅馆住一天、躺在床上享受一顿丰盛美食、通宵看一晚上浪漫爱情电影。凡此种种，都是你心底那个狂野的女人对你的呼唤。弄清楚她到底想要什么之后，满足她吧，带她出去疯一疯、玩一玩吧！

水晶唤醒了我之后没多久，他们一家便搬到东部去了，水晶当然也跟他们走了。据说它的新家有好几亩大的地，现在水晶可以爱怎么跑就怎么跑了。我非常非常想念它，每次经过它的旧家，总会想起它；但是我还是很高兴知道，它现在过得很快乐——它的灵魂是这样告诉我的。它永远是我最珍视的精神导师之一。

尽情地跑吧，我的狼妹妹。你脚下的土地正欢愉地享受你快乐的舞步呢！

为自己寻找真实刹那

以下是女性可以为自己寻找真实刹那的一些方法。

寻求独处的时候

女性需要一些安静的时候，安静到只有我们自己的声音是唯一的声音。因为我们习惯于把别人的声音看得比自己的声音还重要。大部分的女性都有这样的习惯。

有很长一段时间，我都是依靠男性来指引我人生的方向，而不信任自己心里的主张。我大半生的光阴都花在崇拜一个又一个的男性，把他们当作我灵魂的拯救者，而他们大部分也都不反对我所授予他们的地位。于是我有过一个大师级的精神导师，有过一个自认为是心灵大师的丈夫，有过一堆强要我相信他们就是我导师的事业伙伴。以前的我总是忙于听取他们的意见，以至没有时间一探自己的心声。

给自己一些安静的时候，让你自己智慧的声音可以浮现。这个声音需要壮大起来，才不怕被其他企图说服你遗忘自己的感觉、违背自己知识的声音给唬下去。每天记录自己的心里说过些什么话，找个幽静的地方散散步、细细地倾听。很快地，你就会听见自己的灵魂在对你说话。

创造新的生命

在女性创造出新生命的同时，她也沉醉在自己所展现出的奇妙力量里，那是一种能改变物体形式的奇妙能力。所以任何时候，你想拥有真实的刹那，就创造一个新的生命吧，不论你创造的是什么—— 一个花园、一个蛋糕、工作上的一个妙主意、为孩子编的一个睡前故事、写给朋友的一封信、自我治疗的活动或一个干净的厨房，你都会感觉到生命的创造力在你的体内奔流，把你和大自然紧紧地联结在一起。

我深信我们需要经常创造生命，这是我们与真实刹那紧密联系的重要通道。有些女人一个接一个地生孩子，我相信不是因为她们早有计划或真心想要再多一个孩子，而是她们已沉溺于生育过程所带给她们的喜悦，那是她们感受自我和灵魂力量的唯一方式。更可能的原因是，她们其实正不自觉地在寻找自我的重生，渴望为自己、为失落的灵魂碎片、为创造力寻找生生不息的梦土。

所有的女性都是母亲，因为她们所到之处，都会带来生命和爱。所谓创造新生命，应该是泛指一切富含创造力的活动，不是仅止于狭隘的生育下一代。我自己不曾生育过孩子，但我是个母亲，我曾孕育过许多不同形式的生命，我创造了许多的爱。

与其他女性结伴同行——亦师、亦友、亦姐妹

女性需要以女性为镜，才能映照出她们特有的女性美。当我们和其他女性在一起的时候，我们能凝聚出整体的力量，能忆起真正的自我，会记起属于我们自己的舞步。

自古以来，女性一直从女性导师、祖母、外婆和有智慧的长者处，寻求保护和启蒙。她们一路引导着我们，随时提醒我们不要忘记优雅和自尊；但最近几个世纪，我们却一直生活在以男性为主导的社会里，我们把权力交付给男人，任由他们来定义我们、教导我们、为我们在社会中定位。

我们和古老大地之母——所有生命的源头失去了联系，我们遗忘了自己神奇的力量，迷失了方向。

成就完整的人

从我18岁踏上寻求心灵之路起，我就只有男性的导师。我尊崇他们在生命的力量和静默方面给我的指导，但他们无法教我如何做一个女人。所以前几年，从我开始努力要找回完整的自我时，就一直希望能够找到一位女性的导师来引导我。我向上天祈求让我找到她，我知道，唯有找到她，我才有希望成就一个完整的人。

今年年初，杰佛瑞和我在加州的碧阁墟（Big Sur）为几个月后的婚礼忙着筹备工作。有一位帮忙的女士走过来对我说："说起来可能有点奇怪，可是今天早上我无意间看到一本书，书后面有一对美国土著居民夫妇的名字，我就很想告诉你这对夫妇的一些事情。他们是一个非营利组织'一个地球、一个民族和平观想（One Earth,One people Peace Vision）'的创办人之一，这个组织的宗旨是要重建人类和所有生命之间崇高的关系。我也不知道为什么，就想到你和你的工作，我想你应该有他们的地址和电话号码。"谢过了这位女士，并从她手中接过那张纸条，冥冥中有一个声音告诉我：应该立刻去打这个电话。

我打了，并且约好第二天在他们住的那个古老小镇上碰面——加州最早有传教士布道的地方之一——圣胡安包蒂斯塔（San Juan Bautista)。这对夫妇，先生名叫小胡安·荷西·瑞拿（Juan Jose Reyna,Jr. ），平常大家都叫他森尼（Sonny）；太太的名字是伊莲·瑞拿（Elaine Reyba），平时大家都称她“青鸟”（Bluebird）。森尼是个作家，力主环保，同时也是土著居民的精神导师。青鸟是位艺术家兼人工影像研究者，也做传统和现代土著居民服饰的设计工作。在他们的小店兼艺廊里，当青鸟直视我，向我走来时，我心里便升起了一个念头：她就是我要找的人。

我们坐在洒满了阳光的园子里，侃侃而谈。虽然是初次见面，我们已经感受到彼此间有了深刻的牵系，话题也不是表面的泛泛之谈，而是认真地交换对“我们究竟从哪里来”的看法。杰佛瑞将他的生活、梦想、脊椎指压治疗师的工作内容等，向他们娓娓道出。我也把自己这一路追求、探索的心得，和对更多真理的渴望一一向他们表白。

青鸟始终专注地倾听，直到我的话说完，她凝视着我的眼睛说道：“你知道吗，芭芭拉，你最需要的是一个姐姐。”我的泪水几乎夺眶而出。从小我就没有姐妹，连一个比我稍大、可以指点我的女性都没有。那一刹那，我知道我找到她了，她也找到我了。“欢迎你回到我们最初的大家庭里！”她大声地宣告着，“我们的灵魂原本就相互深深牵系，真高兴今天能够和你重逢，我的小妹妹！”

自珍自重

从那天起，青鸟就成了我的姐姐、我的导师、我的好朋友。她常提醒我：“女性一定要记住：我们是神圣的，生命是借由我们而诞生的。感谢造物主赐给我们生命的经验。我们要颂扬生命，因为生命是悲伤、是喜悦、是世间最贵重的珍宝。”这位美丽且谦卑为怀的女性教给我的，是如何去尊崇这个世界和存在于世间的一切生命，如何尊重自己女性的身份，如何每天享有真实的刹那。

我的两位女性精神导师——水晶和青鸟，都不是以传统的方式出现，这可能因为我本就不是个很传统的女人，但是属于你的精神导师，不见得非以如此不寻常的方式出现不可。一定有很多导师在前头等着你、要带领你，也一定有许多女性的、美丽的灵魂等着帮助你寻回属于自己的真实刹那。她们就在你的身边——很可能就是你的祖母、外婆，你的姑姨、妗婶，你的朋友、女儿。提出你的问题，她们就会向你现身，你不必孤单地踏上自己的旅程。

谨以本章献给我的姐姐和导师——青鸟，她的灵魂温柔地坐在我的肩头，带引我追随着她，飞过平野，越过山川，直上云霄。她轻轻地催促着：“飞吧，我的小妹妹”，我便展翅而去……

第九章 为何不放下武士精神？——给男性

50年来，在我的统治之下，国泰民安。

我享有子民的爱戴、敌人的畏惧和盟邦的尊敬。

财富、荣耀、权力、享乐之于我，乃唾手可得；

俗世寻常的祝福，已对我的幸福无所增益。

此情此景，我所在乎的，

是我的生命中能拥有多少纯真无伪的快乐日子。

到目前为止，累积已有14天了。

——西班牙国王阿布杜勒拉曼三世

男人要享有真实的刹那，实非易事，而他们的痛苦也大多肇因于此。深爱他们的女性为此痛苦，他们的孩子为此痛苦，整个世界为此痛苦。

我身为女人，无法以男人的角度来写男人，但是从我这一生中所爱过的男人、共事过的男人身上所看到的，以及从求教于我的男性身上所体验的点滴经验，我都可以告诉你。这些心得来自于谨慎的观察，且已得到普遍的认同——或许不适用于所有男性，但的确能透露出绝大部分男人共有的现象。

这个现象就是：男性因为享有的真实刹那不足，已濒临垂危——因为剥夺了自己享有爱和亲密关系的权利，他们的情感已处于弥留状态；

因为渴求永无止境的成就，生活经常失去平衡，他们的体力已消耗殆尽；他们不知道什么时候该停下来休息，精疲力竭；因为不懂得向内自省，不懂得如何踏上追求神圣自我之旅，他们的灵魂已危在旦夕。

他想逃、想休息

如果你深爱着一个男人，或许已从他身上察觉到这一点：总觉得有一些东西不见了，但是又说不出来究竟少的是什么。你只知道这和他工作勤奋无关，和他有多少空闲时间无关，和他的年纪更无关，那是个看不见也摸不着的东西。比较恰当的说法是，那是他心里的某处，一个让人悠然自处的地方、一个属于静默之处、一个感受情感的地方、一个承接爱的奥秘之处，那是一个他自己不常去到的地方。你渴望在那个地方和他相遇，你已经到了，苦苦等待，他却迟迟不来。

如果你是男性，你可能会经历这种对真实刹那的渴望。这种渴望以男人惯用的词汇来说，它是一种对休息的向往，想要逃离生活中无所不在、永不歇息的强劲律动。那是个让人很不舒服的强烈向往，想去某个地方——只要能离开现在身处的环境就好。你知道这个向往不是换个工作、换辆车子或换个女人就能满足的，那是发自你心底的声音，一个你想回应却不知如何开口的召唤，那是一个永远摆脱不掉的烦恼。

这就是男人和真实刹那的故事：真实刹那只关乎存在的方式，而非关乎行动；男人，却是十足的行动者。

自盘古开天辟地以来，男人便练就了一身的好本领——打猎、盖屋、保护弱小。那是上天派给他们的角色，从此他们便以公事、劳动和成就来定义自己，并决定自己的价值。相反，女性向来被要求善于处理人际关系——我们让每一个人开心，扮演滋润、开怀的角色，我们于是愈来愈长于感觉和自处。

到了20世纪，这样的角色分配开始有了些许的改变，但相对于历史的长河，短时间的改变并不能对我们造成太大的影响。习惯自有它的韧度，不可能一朝消失无踪，与生俱来的记忆仍然影响了我们大部分的价值观和行为。我永远记得我母亲如何描述我和弟弟大相径庭的童年模样：“你总是乖乖地坐着看人，或画画，或玩纸娃娃。”她说，“但是你弟弟迈克却一直动个不停，他从不乖乖地坐着。”母亲的话一点也不假。我们都叫迈克“家具搬运工”，因为他从很小的时候开始，就老是喜欢把每一样东西搬来搬去。如果我们不准他搬屋子里的东西，他就会走来走去。家里为小迈克拍过一些影片，从影片上可以看到，他那时还不会说话，却已经在屋子里转啊转地跑个不停。

目标取向

男人是十足的行动者，那是与生俱来的本领。天性使他们以工作、以行动来决定自己的意义和价值，他们在乎自己的行动是否有助于计划的完成、是否能为车库搭出一个新雨棚、是否是玩牌好手。男人认为只有在这上头，他们才能找到满足。

但是男人的工作性质近年来起了巨大的改变。由从前的征服者、冒险家、军人，演变到今天的会计师、业务员、电脑程序设计师……他们像是派错了战场的战士或没人雇用的探险家。他们从工作中得到的成就感，远不及他们的曾祖父、玄曾祖父当年为家人盖出一栋房子、击退敌人或犁田种地时所得到的满足和骄傲。因为享受不到足够的真实刹那，他们觉得距离人生的意义愈来愈远。

男人只有在具体的世界里，一切都看得见、摸得着、量得出，才会觉得自在，他们以目标为取向。他们给予行动如此高评价的原因，是因为行动能产生结果，而这样的架构正吻合他们的价值观。

然而能带来真实刹那的经验，如我们所知，并不必然是那些显赫耀眼的功绩或成就。那些经验通常较沉寂、较深远，而且它们的益处不但肉眼不易看见，而且不易探触或得知。也就是说，这样的经验绝非男性所崇尚，因为他们很难从中衡量出自己的价值和意义。如果我是男人，我多工作了两小时，得到一笔加班费，那是实实在在可以放进口袋的好处——这是有意义的。但是如果我用这同样的两小时来和太太聊天或自己一个人去散步，能得到什么好处吗？或许有，可是我没有办法度量这个好处，所以对我来说，其中的意义和价值便远不及加班来得大。

由于价值观的不同，使得男人和女人之间永远存在着没完没了的冲突和挫折。你向先生提议，想和他坐下来聊聊。他的反应是：“聊什么？”顿时，让你烦躁困扰不已。为什么聊天还得有题目呢？难道“你想和他聊聊”这个理由还不够充分吗？不够，的确不够。对男人来说，“分享亲密的片刻，坐在一处聊聊”其中的意义，可能完全不同于你的想法。女性如你者通常看重的是相知相属，而男性重视的却是实际的行动。

我们女性只要不必照顾别人，可以专心对待自己，通常就都颇能怡然自处。这也是为什么我们总是很喜欢享受什么事也不用做的片刻，尤其是和心爱的人在一起的时候。因为我们知道，这样的片刻总会带来甜美的真实刹那。

男人不该再汲汲于立即可见的收获，应该学着感受一下当下，体验一下发生在此时此地的一切。真实刹那属于一个超越时间、肉眼不可见的领域，其价值无法以世俗方式来计算或度量；一旦你意图度量，真实刹那便离你远去。

美国作家柯殷（Sam Keen）曾说：

> 抱持一切存疑的生活态度，不过就是凡事问、每事问。

回归真实刹那之旅是一趟疑问之旅，沿途困惑不断，如同我们在第四章里提到过的各种问题——“我是谁？”“眼前的生活是我自己真正想过的生活，抑或是别人的期望？”“我快乐吗？”“我付出了够多的爱吗？我得到够多的爱吗？”……提出问题之前，你必须先克服对无知的恐惧，有勇气去在不确定中暂时生活。

勇敢地说“我不知道”

这对男人来说，可不是件简单的事。男人是很务实的，他们要的是可以掌握的、肯定的、标示得清清楚楚的一条路。无以名状的、模糊的、颠簸多变的、神秘的事物（这其实是对女性心理状态的最佳描述）常令他们不安，甚至害怕。在这种状态下，他们要对未知的一切提出问题、寻找答案、冒险探索，都有相当的困难——毕竟这是他们所不熟悉的领域。

女人爱提问题，男人爱掌握答案。提出问题，意味着不知道答案。一般来说，女性并不怕说出一句形式上像是无知的“我不知道”，毕竟我们一向长于全然交出自己、放手认输。每一次做爱、每一个月的生理期、每一次分娩、每一次送孩子出门上学，都是一次又一次交出自己、放手认输的实践。你会发现比较多的女性专注于个人成长、参加各种辅导团体或购买各种自助活动的书籍来看，她们也比较常求教于心理医生，因为她不怕问问题，甚至能从中得到启发，而且通常不急于立刻要有答案。

男人正好相反，他们喜欢有答案。对男人来说，知识是另一种形式的行动，是精神强度的表现。我见过有些男人，兜了好大一个圈子，就是不愿意说出那句“我不知道”。他们情愿嘟嘟哝哝说一大堆：“我不想谈这件事。”“你怎么这么不知足？”“你闭嘴好不好？”或者是

“放轻松，所有事情都在我的掌握之中”。他们就是不肯承认，他们的脑子还没理出一个清楚的答案，只好闪烁其词或来个相应不理，如果你坚持再问下去，他们还可能发一顿脾气，把你吓走，好争取到更多的时间把事情弄清楚，再回到能够掌握一切答案的稳定状态。

忍受不确定

柯殷（Sam Keen）在《腹中火》（*Fire in the Belly*）一书中，描写男人寻找自我的神圣之旅是一段又一段充满了变化的过程：“从笃定坚信到惶惑狐疑……从无所不知到一切存疑。”一切存疑，意味着一直处在交出自己、放手认输、失控的状态中。这和男人向来所受的训练完全背道而驰，他们从小就学着要驾驭、克敌制胜、坚强不认输、征服一切、永不低头。我这样的描述绝无丝毫不敬，相反，我十分推崇这些德行。靠着这些美好的德行，使得男人击退敌人、保卫家邦，深入丛林觅食以养家糊口，和兄弟团结一致共同抵御外侮，不畏艰辛攀过山头建立新家园。

但是男人如果想追求真实刹那，就必须鼓足勇气放下所有的武士精神，因为武士精神对他和他的人际关系只有伤害，而无建树。这也就是说，他得学着对另一半说“我不太确定”“我还需要一点时间来想一想”“能不能请你慢一点，我还不太清楚你的意思？”“你想要什么我还没给的”“我们可以怎样换个方式做”……还有“对不起”。有时候，他还得忍受生活上的一些不确定，放开心胸接纳神秘难解或意料之外的事情，体会一下无所事事全然放心于当下的状态，同时仍清楚明白：你依然是个不折不扣的男人。

这就是我们女人对你们的要求，我们希望你们和我们一起共赴心灵之旅；我们想和你们携手探索未知的一切；我们要的是心灵上的同志，共同拓展新的亲密关系、开发新的激情、寻找新的快乐；我们要和你们一起在爱中不断进步，我们不愿留你们在后面苦苦追赶。

尽管你已被多年的教养训练层层制约，尽管你身体里的每一个细胞都在叫嚷着“只要一认输，我就不是男人了”，你也一定要知道，并且确信：至少在我们的眼里，你是我们最崇拜、最引以为荣的斗士，是我们心目中最勇敢的英雄。

神圣的眼泪

接下来要谈谈你们男人最害怕的话题——情感。你知道迟早得面对这个题目的，因为不论是与爱人之间、与孩子之间或是独处，若要享有真实刹那，你就非得心甘情愿全神贯注于情感不可。偏偏大多数的男人都十分拙于此道。

不愿无知，最令男人痛苦。

这会让他们停滞不前。

无知使他们在原地打转，无法自我突破，

提升到感情与心灵自由的另一境界。

几个世纪以来，在情感的世界里，女人活得生机盎然，男人却始终像个局外人。为了生存，你不得不变得无知无觉、不带感情，否则，富于恻隐之心的你，如何能赤手勒住另一个男人的喉咙？心怀恐惧的你，如何能面对全速冲来的野兽而仍举矛以待？陷入“我不杀人，人便杀我”烦恼的你，如何在明知会殃及无辜的情况下，仍服从命令将手榴弹掷向敌人的村落？

即使到了20世纪，环境依旧不变，现代商业社会和古战场一样血腥、不讲道义。一些心狠手辣的男人不断得到晋升的机会，而被认为“太过软弱”的，便难逃被淘汰的命运；凡稍露惧色的，休想赢得尊敬；能展现出无可动摇的信心，便是领袖的上上之材。现代人只是手上的武器换了，游戏的规则丝毫未改。

你为了男性气概，付出了可观的代价：成为一个“男子汉”的种种条件，恰恰足以使你变得麻木无情。你的难题就在这里。你不可能一方面断绝了恐惧、羞耻和悲痛的能力，另一方面仍保有对欢乐、爱和同情的感应。太多男人徘徊在不为人知的绝望里，他们的情感冻结，不能或不敢稍作宣泄。妻子、儿女来到你的跟前，乞求你加入情感之舞，你摇摇头，断然拒绝了她们的请求。她们转过身去哭了起来，认为你不爱她们了，怎么也猜不透你还有个小心藏起的秘密，那就是：你早把舞步都忘光了。

如果你对自己够诚实，如果你能自省，你会看见那些伴随男子气概而来的累累伤痕，就是这些久创不愈的伤痕，让你过不得原该享有的快乐生活，让你放不下身段和所爱的人尽情狂舞，让你离真实刹那愈来愈远。如果你还想活得像个完完整整的人，而不止是像个男人，这些伤口、疤痕都是你必须去征服的新领域。柯殷以其男性之身再次说："男人在得到重生之前，值得悲哀的事还多着呢！"

要面对你的伤口，要融化冻结了的情感，需要勇气、宽恕和眼泪。我相信每一滴眼泪都是神圣的，它让我们知道封结心房的冰开始融化了；虽说男儿有泪不轻弹，但是泪水能为你带回你尚且不自知、曾经失落过的自我啊！在多年的教学经验里，我很荣幸能眼见数以千计的男人自从告别孩提时代后，又再次掉下珍贵的眼泪。那是十分庄严神圣的机遇，一如目睹一个新生命的诞生。当你冲破那麻木虚假的外表、重新为人之际，有一位善解人意、对你关怀备至的助产士在身旁给予适时的帮助，对你会有莫大的帮助——任何一个心胸开朗、有爱心的女性都愿意助你一臂之力，尤其是一直就在你身旁的另一半！

要战胜一个伤口，
必先治愈它；
要治愈它，
你得先感觉到它的存在。

爱你的女性将会十分珍惜你以泪相赠的真实刹那。

记得杰佛瑞对我有了足够的信任，第一次在我面前不再隐藏他的悲伤、痛苦，还让我拥着他、给他安慰时，我心中有说不出的感激。他打开了心底最深处的密室，邀请我走进去。除了这个举动，再没有别的更能表达两人之间的亲密爱意了。

一旦知道该去做什么情感上的功课，就快努力去做吧。这是你对婚姻、对孩子或对自己所能做的最重要的承诺。

男人的寂寞

男人喜欢成群结伴。他们喜欢成堆人一起看球赛、成群去喝酒、围在饮水机旁边闲聊、结伴去钓鱼。在群体里，他们有安全感；在群体里，他们可以不必觉得孤单，不用面对泄露心事的压力。尽管如此，据我所知，大部分的男人仍是寂寞的，不是因为缺少死党，而是他们没办法在一起体验真实刹那。

这种寂寞不是一眼就能看出来的——它比较接近被孤立隔离的感觉。一堆男人在一块儿聊的多是无关痛痒的事：谁赢了昨晚的牌局、谁花了多少钱换了个排气管、对新来的秘书品头论足，唯独心底事绝口不谈。“最要好”的哥们儿之间，不知道有人婚姻触了礁，有人为年迈的双亲烦恼，有人性生活出了问题，或有人已经拖了好几个月的账单没付……这一点也不稀奇，因为他们根本从来不谈这些问题。

最近一个关于男人之间亲密程度的麦吉尔（McGill）研究报告中

发现：

每10个男人当中，只有一人有一位同性朋友，彼此可以商讨工作、钱财或感情问题。

每20个男人当中，不到一人有一位同性朋友可以谈论对自己的反省、性方面的问题或其他更隐私的话题。

这里面所透露出来的信息是，大多数男人从来不和其他男人讨论生活里真正重要或比较个人的事。他们不曾和同性朋友——他们心灵上的兄弟，一起享有过真实刹那。

上个月，杰佛瑞和我偶尔谈起我们的一位好朋友，也是杰佛瑞最要好的朋友之一。我说："他和他太太之间出了那么大的事，听了真让人难过。"

"你在说什么？"杰佛瑞一脸疑惑地问我。

"你知道，他们为了钱的事已经吵了好久，两个人闹僵了。"原来杰佛瑞根本不知道有这么一回事。我问："亲爱的，他连提都没跟你提过吗？"

"没有。"杰佛瑞十分惊讶，"我昨天才和他讲过话，他还跟我说一切都很好。你什么时候和他说过话？"

"今天，他在电话里当场崩溃、泣不成声。"

杰佛瑞竟然对如此一位好朋友的生活近况一无所知到这个程度，我们俩都不禁摇头叹息。究竟我使了什么法宝让他对我开金口？其实很简单。我问他婚姻生活近来如何，然后我听出他的声音里有些犹豫，我便进一步鼓励他说出来，这是多数男人会觉得不自在的做法，而我突破了男人的禁忌——“不可探人隐私”，正因为我是女人，我完全不受这个禁忌的限制。

男性之间

男人在成群结队时所展现出的那种自在，会在他和另一个男人单独相处时消失无踪。原因就在于，两个人单独相处时的互动关系常会触及较亲近的相处方式，如果你知道和女性之间的亲密关系都能使男人害怕，你便可以想象和另一个男性有亲密关系，会让男人感到多么恐慌。

如果你是男人，请你想象一下这样的情景——和另一个男人在深夜里坐在壁炉前聊天。你们分别将自己最深邃的情感、最私密的念头向对方透露。你感受到长久以来不曾有过的被了解，那份了解甚至是你所爱的女人也做不到的，因为她不是男人。你和你这位朋友之间的关系是如此密切而有生命力，一股源自兄弟之爱、同性之爱的力量在你们之间相互交流。

却在一回神间，你觉得不自在极了。你和另一个男人之间竟然有了爱的感觉。如果你是个异性恋者，你一定会感到很慌张、害怕，心想：“我不应该有这种感觉。这到底是怎么一回事？”然后你会立刻做出一些举动来斩断这样浓而密的关系——开个玩笑、站起身来伸个懒腰或换个话题，甚至你很有可能从此和这个朋友避不见面，让这个经验可能带来的所有意义逐渐淡化、消失。我认识一些男人便是这样刻意制造了一些很牵强的理由来结束友谊，只因为他们害怕和另一个男人之间产生爱的感觉。

这是一种恐惧同性恋的行为，是错把爱的刹那当成性的诱惑了。你误以为这不只是爱的真实刹那，还有什么其他的意义或后果。你对自己的经验下错定义、给错结论了。而多数男人却连这一步都做不到，他们根本不会和另一个男人分享亲近的对话。他们对这种恐怖的经验有一种不自觉的预期和逃避，造成男人和男人之间永远保持着一段不可及的距离，结果就是男人在同性之间永远没有真正亲密的朋友。

男人担心同性之间的亲密关系，会使友谊变得尴尬别扭。我不讳言女性也有一样的问题。女性对于同性朋友之间的亲密也有一定的忍受程度，只是通常我们所能到达的境地，已经足以使男性惊慌喊叫、夺门而出了。

美国诗人布莱（Robert Bly）有言：

无法和其他男心灵犀相通，会是男人最致命的创伤。

每一个男人都需要在心灵上与别的男性契合，他需要找到一种感觉能代替对父兄的仰望之情，这是他向来需要但可能从没有得到过的。他需要在爱侣之外，也和别人有亲近的关系，使得女伴不致成为他宣泄情感的唯一对象。他需要能让自己看清男性作风的借鉴，也需要心灵上的友伴，来证实他人生旅程的价值，这是女性所无法做到的。

所以，去找一个朋友，摘下你的面具，让他认识真正的你，不必害怕你们会太亲近，那不过是一种爱罢了。

在你踏上真实刹那之旅前，还有一些最后的小秘诀可以提供给你：

定期拨出一些独处的时间，远离众人。

开始写日记（听起来很老套，但是女性几个世纪以来已清楚知悉，每天写下所思所想的神奇效果。除了你，没有人需要看它）。

耐心培养一个可以一起成长的好朋友。

少做。

多问。

脚踏实地。

倾听自己的心声。

困惑的时候，请你身边的女性帮你一把，助你享有更多的真实刹那（那是我们的荣幸）。

第十章 与子女一同成长

五十年后，
不论你开的是什么车子，
住的是什么房子，
银行里有多少存款，
穿的是什么样的衣服，
都不重要了。
唯一能让你觉得世界还是美好的，
是你在子女的生命中仍占有重要的地位。

——无名氏

走笔至此，所有关于享有真实刹那的理论或方法，都适用于你和家人之间的关系。但是在这一章里，我要特别谈谈有孩子的家庭，因为有些特殊且重要的事情是我们在爱孩子的同时，必须牢记在心的，也因为在这个充满挑战、常令人触目惊心的年代里，孩子比以往任何一个时代更需要我们的爱和支持。

孩子就像是一颗颗种子，长大后会变成一个花团锦簇的美丽花园。今天我们在任何一个孩子的心灵种下的因，明朝结的果会影响成千上万的人。这也是我们常将儿童与希望联想在一起的原因——他们是我们打破常规、甩开既往包袱、创造美好未来的机会。因为他们，我们才可能拥有更健康的新开端。

先照顾自己

孩子将来的发展终会反映出你自身的状况。你永远是孩子们生命中最具有影响力的人之一，因为你的任务就是灌溉这颗种子，好让他长成美丽的花园。你知道这原本就是你的本能，所以你自会竭尽所能供给孩子一切你不曾拥有的，并且无微不至地照顾他们。但在你诚心诚意的努力中，你可能忽略了一件很重要的事：如果你不能好好照顾自己，就不可能成为称职的父母。

如果你的任务是要灌溉子女心灵的种子，那么，你得先确定自己的水桶已装满了水。你自己的心必须先无匮乏，在为孩子付出之前，你必须先确定给了自己足够的爱与支持，并已享有足够的真实刹那。

在满足孩子的需要胜于一切的借口下，很多父母都很可怜地先放弃了自己的需求。出生于20世纪五六十年代的战后婴儿潮，特别常犯这个毛病。我们一直努力做个超级父母，供给孩子所有的教育机会、娱乐活动和物质享受——我们把上一代无法给我们的一切，都给了下一代。诚然，也有许多疏忽大意的家长，拿电视当电子保姆，从不知道孩子需要的是父母的关注；但大多数这一代的父母，总是连留一点点时间给自己都会有罪恶感，害怕将来有一天，孩子长大了会指着我们的鼻子怪罪道：“都是你的错——如果你那时候不去度假（不去健身房、不跟朋友去喝下午茶、不回学校去进修），我今天就不会变得这么糟！”

我认识一位完全为孩子而活的女性，她放弃了一切的喜好、兴趣甚至朋友，只为了把每一分、每一秒都留给她的两个宝贝女儿。最近，我说服她和我一道吃个中饭，可不简单啊！我到她家去接她出来，在门口道别的那一幕，真会让人误以为她是要去非洲度假三个星期——她向保姆一一交代列在5张清单上的每一事项，然后一遍又一遍地告诉女儿，说她出去两个钟头马上回来，最后还为丢下她们而向她们道歉。等我们一到餐厅，她立刻拨电话回家探问孩子们在做什么。

“玛琳，”我说，“你才离开20分钟啊，你真的需要现在就打电话给她们吗？”

“她们不习惯我不在身边，”她点着头回答，“没有我陪着，她们会生气的。”

“可是她们已经不是小娃娃了呀，”我提醒她，“她们一个5岁、一个7岁了，这样下去，她们怎么学得会独立呢？”

“也许我太宠她们了，可是我绝对不要她们像我小时候一样，觉得被忽略了。”

对我来说，有一番话的确很难启齿。我如何对她说，她其实已完全忽略了自己？我又该怎么说，我已经看出她的孩子是多么缺乏安全感，只因为她们不曾学着离开妈妈，离开一下都不行？

不以牺牲取悦他人

为了儿女而忽略了自己，对孩子其实没有一点好处。如果你所做的一切都是为了孩子，完全不顾自己的需要，那么你教给孩子的只是：如何牺牲自己以取悦他人——这是一个绝对行不通的价值观。

或许在他们还小的时候，他们会喜欢被人伺候得周到，但这会把他们惯坏，他们会变得缺乏想象力。等他们长大，从你身上，他们看到的是一个落落寡合、有梦难圆的人。知道你曾为他们抛弃一切理想，更会令他们愧疚不已。

我可以向你保证，你的孩子绝不会在长大之后对你说："爸爸、妈妈，我很感激你们为了不让我听到一个'不'字，而彻底牺牲了你们自己的快乐、你们的亲密关系，甚至牺牲生而为人该有的进步与成长。我很高兴你们为了满足我每一个愿望，而曾经如此愁苦。谢谢你们这样不为自己的生命全力以赴。等我有了自己的孩子，我也要像你们一样，为孩子放弃所有人生的乐趣和理想。"

如果你能运用时间丰富自我的心灵，孩子就会学着丰富他们自己的心灵，而不会陷于情感的真空。与其为孩子牺牲自己的生活，不如为他们活出一个值得仿效的典范。

孩子到底最想从我们——他们眼里的大人身上得到什么？

他们要的是被爱和被肯定的感觉。

他们希望自己能使父母的生命改观。

他们需要知道自己的真性情、真面目能被接纳。

他们要感受父母以他们为荣，且不会希望他们是别家的小孩。

孩子会从观察你的生活中学习。

如果你懂得为自己拨出时间

享受真实的刹那，

你的孩子也会学着为自己做同样的事。

每个孩子都需要知道父母是如此关爱自己，才可能发展出健康平衡的自尊和自爱。

孩子稀罕的是爱

和孩子分享真实刹那，是让他知道你重视他、是让他感受你爱他的最佳途径。

孩子们稀罕的是爱，不是玩具。然而不幸的是，我们常企图以物质享受，来弥补沟通交流的真实刹那之不足。对许多家长来说，这个做法方便多了，省时又省事，较之于和孩子共享一段真诚的、爱的时光，他们宁可上街去买个新玩具了事。

洛杉矶大地震之后，发生了一桩类似这种价值混淆的新闻，令我惊讶不已。地震发生在星期一的凌晨4点31分，几个小时之后，一位电视记者在街头采访地震带来的各种灾难和损伤，忽然在一栋大楼前面，他发现许多人大排长龙。当时他以为这些人一定是排队领取急救用品、配给的粮食和水，或是等着购买紧急照明用具，因为当时大半个城市的供电设备都毁了。可是他完全猜错了。

这一大堆人在地震后几小时为什么会大排长龙？原来是当时最最热门的玩偶——“神风突击队”在那家店新上市！这些父母无视一次又一次的余震，把受了惊吓的孩子交给亲友，留他们在满地碎玻璃的家里，自己跑到街上去排三个钟头的队，只为了等商店一开门，买一个塑胶做的小战士！

我相信这些父母的出发点都是善意的。可以肯定的是，他们大多数心里都在想：“我打赌这个‘神风突击队’会让我的小吉米觉得开心一些。”可是，当天早上那些被吓坏了的洛杉矶小孩，最需要的绝不是那些塑胶小战士。他们需要的是安全感，需要知道：就算再来一次一样大甚至更大的地震，他们也会安全无恙。他们需要说出自己的害怕，他们需要有人紧紧地搂着，他们需要爱。

亲子心灵相系

许多儿童拥有丰富的物质享受，却独缺与父母亲密相守的真实刹那，这毋宁说是个悲剧。我们不常以“亲密关系”（intimacy）这个词来形容和孩子的关系，我们用它来描述和爱人之间的亲近程度。事实上intimacy这个词，源自拉丁文里的intimus，意思是“内心深处的”。所以严格来讲，“亲密关系”是指与另一个人内心深处紧密牵系的体验。和孩子共享亲密关系，就是指你和孩子灵魂相遇——这是真实刹那中最可爱、最宝贵的部分。

如果你以物质供应来代替爱，
你等于是告诉孩子：
能带来快乐的，
是物质享受，不是爱。

你的孩子渴望与你共享这样的真实刹那，他们渴求亲密关系，渴求得到你的时间和你全部的心思。全心全意地对待孩子，会令他觉得自己很重要，让他对自己和他想要说的话有信心。用10分钟，把你百分之百的注意力和爱放在孩子身上，胜过你花10个钟头不断换花样逗他，却完全无视于他的心意和想法。

我们这些成年人之中，有多少人深爱着父母，但却遗憾父母不曾真正懂得我们？有多少人觉得父母不曾投下任何时间来认识我们，了解我们的期望或害怕？我们之中有多少人曾经置身在丰盛的物质享受里，长大后蓦然回首却寻不到任何一丝真心交流、无条件关爱的记忆？有多少人至今仍为父母无法了解自己而暗自饮泣？

和你的孩子坐下来，看看他的内心深处，仔细听听他的话语，发掘出藏在里头那个独特而美丽的灵魂，这世界上再没有第二个人能和他一模一样。

离婚父母的难题

养孩子原本就是一个大挑战，对单身或离了婚的父母来说，更是如此。他们的心经常被那段失败的感情所带来的罪恶感啃噬着，生怕自己的失败会给孩子造成人格、情感各方面不良的发展。于是，他们都变得很擅长于我所谓的“带着罪恶感的爱”——那是一种投注在孩子身上，让人透不过气来、奋不顾身、无时终了的关注。那仿佛是他们宣判自己罪行，要以这种方式来赎罪忏悔：“离婚已经毁了孩子的正常生活，所以现在我不该再有任何享乐。我不要再去约会、不再去交朋友，或许这样可以多少弥补一点我的罪过。”这类父母较一般人更难享有自己的或与孩子共有的真实刹那。

在你为自己做了一些事之后，会觉得很不好意思或想要解释什么的时候，你就知道，你已经成为“带着罪恶感的爱”的牺牲者了。你发现自己经常为不必要的理由，向孩子说抱歉：“妈咪今天要去牙医那儿几个钟头，不过我保证，接下来这整个礼拜的每一秒钟都会跟你在一起，好不好？”这样的话带给孩子的信息是，你存在的唯一理由是做孩子的奴隶，任何时候你想要满足一下个人的需要，就是违规。

我有一位朋友是离了婚的父亲。他拒绝涉入任何一段新的感情，因为“那可能会对孩子不好”。孩子和他一起度周末时，他会连朋友的电话都不接。“我不要他们再有被我抛弃的感觉”，这是他的解释。你能想象他的孩子变成了什么样子吗？他们旁若无人、自私、成天抱怨、哭叫，只知有自己、不知有别人。对大人所给予的关注和逗乐需索无度，无法自己安安静静地待5分钟。他们怎么不会变成这个样子呢？这是他们的父亲牺牲自己一切需要和欲望，在无意中所教给他们的。

这个社会的高离婚率已经造就出一个全新的种族——“迪士尼乐园爸爸”。就像我那位朋友一样，他们是要把两个星期的爱和娱乐全压缩到两天里的“周末爸爸”，他们和孩子见面的时间，每个月就只有那么一次或两次；每次来接孩子的时候，手里总是抱满各种贿赂用的玩具、礼物，意思就是“我带这些东西来给你，你就不会再气爸爸没有跟你们住在一起了”。他们让孩子痛快地吃各种垃圾食物、看恐怖电影、玩到三更半夜，所有妈妈不准他们做的事，周末爸爸都一一纵容。他们是永远面带微笑的好好爸爸，把所有不讨好的规矩、训练都丢给妈妈。

多年前，我就是这类孩子中的一个，让我以一个过来人的身份告诉你们——我们其实衷心地痛恨那些赎罪式的礼物和那些疯狂的周末相聚，虽然你以为这样就可以补偿所有让我们伤心的事实：你不能每晚送我们上床睡觉、你总是把妈妈弄哭、我们不再拥有一个完整的家；我们讨厌你把玩具、娃娃、新衣服塞进我们手里时那种得意的眼神，等着看我们为这些新东西欢天喜地，好像真的以为我们还小，小得还不懂得其实你是在收买我们的心；你喂我们吃、逗我们玩，像对待一只心爱的宠物；等到周末结束，你大大松了一口气，为自己当了一个周末的好爸爸而感到心满意足，你觉得一切都很好，却看不到我们所感受到的屈辱。

看着你走到车子旁边向我们挥手说再见，真想用尽我们那小小的肺活量，向你尖叫："一点都不好！那些笨玩具、笨礼物可不能让万事如意！你为什么不好好跟我说说话？为什么你看不出我有多难过？为什么你就是不会抱抱我，告诉我你有多爱我？"

这是你的孩子真正希望你知道的，不管他只是个5岁大的孩子或是已经儿女成群的50岁的大人，也不论你是他们离了婚的父母或是还相守在一起；所有我们曾经渴望的或现在想要的，不过就是和父母在一起共享真实的刹那——那些父母看着我们、接纳我们、爱我们的时光，如此而已。

以儿童为师

小孩子天生就知道怎样享受真实刹那，他们可以永远活在当下。在他们的眼里，这个世界每天都充满了惊喜和神奇。以这样的方式来看待世界，所以能为每一件最平凡无奇的事增添奇幻的色彩。于是壁纸上的抽象图案设计，变成了引人入胜的图画，老旧的围巾成了美丽的舞衣，家里忠实的老狗变成保护少年王子的勇猛狮子。每一样东西、每一个动作，都有了特别的意义。

印象中，小时候最爱玩的不是从店里买来的玩具，而是我和弟弟一起制造出来的魔幻时光。我们最爱做的一件事，就是用红色的大纸箱来盖房子，再把妈妈的一条旧丝巾搭在纸房子门口，然后就可以在房子里坐上好几个钟头。我们会假装自己是在沙漠中一个阿拉伯式的帐篷里面，有一盏罩着透明紫色纱巾的小灯，照着我们这方小小的隐身之所。这是我们分享小秘密、互诉心事和愿望的地方。

每一个孩子都知道怎样打开奇幻王国的大门。如果你需要体验更多生活中的真实刹那，去请一位小朋友带你到孩子的世界里走一遭吧！花几个小时甚至一天，紧紧跟随他们的脚步，不论他们做什么或玩什么，你都跟着去做去玩，渐渐地你就会回忆起如何从孩子的角度来看这个世界。如果你够细心，你会发现，其实孩子们随时都在邀请你进入他们的魔幻世界，只是你总是拒绝了他们的邀请。他们要送给你的是稀世的珍宝——享有真实刹那的机会。

由孩子做向导

上星期的某一天，我正在附近散步，遇到一个也住在这条街上的小朋友，叫作雅丽丝。我停下来和她打招呼，她告诉我她在找快要凋谢的花，准备做成干燥花，然后贴在图片上。我的第一个反应是，散完步之后得赶快回到我的电脑前面，我的书正写到一个紧要的章节。不过念头一转，我的书写的是“活在当下”，而我正需要多享受一点这样的时光呢。于是我问雅丽丝，我可不可以帮她一起找花，并且建议我们可以到我家后面的大花园去找，那里有更多的花。

接下来的一个小时，雅丽丝和我在我家后院里，四处搜寻折了枝的、快凋谢的花朵或是已经落在地上的花瓣。她告诉我哪些颜色摆在一起特别相称，枝和叶要怎样和花朵搭配会更漂亮。大约10分钟之后，我发现一天的紧张和疲劳开始慢慢消失了，没多久，我便专心且愉快地和那位9岁的小朋友一起沉浸在采花的乐趣里。那真是一个可爱的下午。

每隔几个星期，我总要专程去找这些邻近的孩子们，和他们分享真实的刹那。我、碧珠和三两个小朋友就坐在路边闲聊——聊聊学校，聊聊朋友，聊聊他们在想些什么，聊聊他们的感觉。他们让我进到他们的世界，让我再次体验如何看待世间一切：我们躺下来看云朵的千变万化；我们观察猫和狗怎样玩在一起，猜它们都在说些什么；我们交换彼此对最喜欢的食物和电影的看法。我常常觉得，我和这些小朋友在路边共度的真实刹那，对我的帮助可能大过我所读过的任何书或参加过的任何研讨会。

如果你有自己的小孩，那么你享有最方便的机会——在家里就可以和他们共享真实刹那。如果你和我一样，没有自己的小孩，去向别人家借吧，借他们的孩子来玩半个钟头，让他们做你的向导，带你走回纯真奇妙的世界。

珍惜他的“不为什么”

你可以想象这样的画面：你的孩子正在画一些你看不懂的图案，然后他把这些图案全部剪成一片一片。你走过去问他：你在做什么？他抬起头，很奇怪地看着你——他在做什么，这不是很明显吗？他在画画，然后把图画剪成一片片。你真正的问题是：这样做的原因是什么？有什么目的？希望做出什么东西？你这是在将你那目标取向的价值观灌输给孩子，同时你正将他从当下的片刻中揪了出来。

我们常向孩子发出一些错误的问句：

"那是做什么的？"

"你要拿它来做什么？"

"你为什么要做这个？"

如果我们还能记得自己的童年，如果我们曾享有更多的真实刹那，我们就不会问这种问题，因为我们已经知道答案了："我正在做我正在做的事啊！我就在这里啊！可能等一下我会想做其他的事，可是现在，我很高兴做我正在做的事啊！"

教小孩子知道为自己设定目标的重要性，原本是一件好事。但是在我们想引导他们走向"成功"的同时，往往也剥夺了他们天赋的直觉和自然的价值观，干扰了他们依本能所享有的真实刹那。

我们大人的很多问题，其实正来自我们自己价值观的扭曲，我们衡量自我价值时，总是舍本性而强调成就。我们实在应该支持孩子打破常规，提醒他们：使他们与众不同的，不是他们的成就，而是他们生而为人的本性。很不幸，我们无法依赖现行的纯目标取向的教育机制，来把这个重要的观念教给下一代。我们只有靠自己，通过身教和言传来告诉子女：我们爱他们、欣赏他们，不是因为他们做了什么，而是因为我们看见了他们内心的纯良本性。

不必担心孩子将来会变成什么样子，不要企图把他们塑造成什么样子。你的任务只是帮助他们高高兴兴地过日子，就像那句巴厘岛的谚语所说的，只要他们快乐，他们随时都可以学会翩翩起舞，学会当医生、艺术家或任何他们想做的事，因为他们已先学会了生活中最重要的一件事。

与孩子共创真实刹那

这儿还有一些帮助你和你的孩子一起共享更多真实刹那的建议。

让他们充分感受自己的情绪

疏解不愉快情绪的方法，首先就是充分地去感受这份情绪——这是孩子天生就知道的。你常会看见他们前5分钟还在号啕大哭，不一会儿便已破涕为笑；他们有时脾气很大，但是半个钟头之后，已经不记得刚刚气的是什么。反而是我们大人常常给孩子错误的引导，要他们压抑自己的情绪。我们老是教他们“你不可以生气”“傻瓜，这有什么好哭的”“有这么好笑吗”或是“你没有理由生气啊”。我们常常用这些话将他们抽离痛苦或愉快的当下。

老是要孩子解释他们所做每一件事的原因，

便是在教他：

他的价值来自他所做的事，

而非他本身。

让你的孩子体会他们自己的感受吧。帮助他们用文字或言语表达出内心翻腾的情绪，让他们知道你能了解他们的感受，并且愿意伸出援手。通常他们并不需要你的帮助，而且因为你有可能比他们反应更激烈，你也得忍住不去打扰他们。当然，你自己多在生活中练习我所提供的建议，也会有帮助的。

鼓励你的孩子每天写日记

在我们写下一天的感想或对某件事的反省时，我们常得退后一步，以便更清楚地观照全局，由此我们得以明了事理、学得教训。写日记，是成年人为自己创造真实刹那的绝佳方法之一，对小孩子也有相同的功效。日记可以成为一个特殊的、秘密的朋友，是情绪的一个发泄管道，是学习谨慎处世、处处留心的好机会。如果你的孩子还太小，不会写字，你可以让他们把心里的想法和感觉说给你听，你来帮他们记录，或是让他们用图画配上你的文字来表达。等他们长大，写日记便可以成为他们静思或是发掘自我的一个形式。

制造一些家庭仪式，让家人能一起共度真实刹那

我在“开怀去爱”中所提过的“爱的步骤”，也适合全家人一同练习。已经有成百上千的父母学会了“感激、欣赏和抱歉”，他们告诉我，在家里和孩子一起做这样的练习，全家都非常受益。有些家长会特别安排一星期一次，可能是周日晚上，全家人围坐在一起练习表达感激或欣赏。他们手牵着手，轮流说出心中对家人的爱：“有件事我要谢谢……”或是“我最喜欢你……”等。也有些家庭喜欢利用晚饭前短短的几分钟来做这样的练习，每星期一次或两次。家人之间如果有了任何不愉快或出现紧张的关系，他们一定会来一次“抱歉的练习”。别忘了——这些活动不是只为了小孩子，大人也一定要积极参与。

第四篇

用心实践

第十一章 倾听静寂

我们需要上帝，

但别想在喧闹扰攘处找到上帝；

上帝与静默为友。

——特蕾莎修女（Mother Teresa）

通常在静默和独处时，最能享受到意义非凡的真实刹那。静默能滋养灵魂，治愈心中的创伤。它能在你和你所寄寓的那个喧嚣多事的世界之间，制造出一个绝缘带—— 一个可以让你不断找到重生的寂静子宫。静默自有其再生的力量，神圣不可亵渎；只要你向它叩门，它定能带你回家。

要深入沉潜的静默，独处是必要的。无论你多忙，都应该抽出独处的时间。独处并不等同于孤单。独处（alone）源自中古英语“all one”（合而为一），当你独处，并不是单纯地离群索居，你是和你的自我在一起，所有的你合而为一——你和自己的精神、本质结合，你与自我回归为一体。这个时候，你不觉得自己是孤单的，也不会意识到自己与众人暂时隔绝，你只会意识到充实的自我。只有在与自我合而为一时，你才能听到自己内心的声音，才能诱发自我指引的方向，也才能重新掌握自己的梦想。

无声带来不安？

独行、在营火旁静默一夜、沉思观想，是祖先们领受独处的方式。然而在现代，科技夺去了我们独处和静默的机会。要找一个真正安静的地方是愈来愈难了，就连深山里或沙漠中的宁静都已不可得：喷射机定时隆隆地划空而去，开足收音机音量的汽车不时呼啸而过。60亿人住在这个地球上，想要彻底地独处太难了。

我们大多数人的生活里都少有静默的时刻。回想一下，除掉你的睡眠，上一回能让你静下来一个钟头以上的时间，是什么时候？通常，你是在定时启动的收音机声中起床，在整装、吃早饭的同时看电视新闻，开车上班的路上听晨间脱口秀节目，中饭大多在嘈杂不堪的餐厅里解决……一天就是这样过的。我们已经习惯了没有静默的生活，以至于面对静默时，会变得手足无措。

我有一位住在纽约市的朋友，他经常旅行。他的随身行李里，一定有一样东西——“噪声机器”，他得靠这机器不断地发出人来人往的嘈杂声音才能入眠。我家住在洛杉矶城外的山里，每次他来，总要抱怨“这里太安静了，安静得让我觉得毛骨悚然”，于是，他打开他的小机器，听着那些噪声，很快地酣然入梦。

我这位朋友的“毛骨悚然”，起自无声所带来的不安。当静默赶走了所有令他分心分神的事物，把他的注意力转而向内，迫使他面对自我时，静默也为他带来了不安。

静默让你能冷眼观察一切，看着自己心智上的垃圾、废物漂过心头，就好像歇坐在河岸上，看着枯枝朽木在河面上浮浮沉沉、顺流而下。当你沉静独处，你便能看到所有干扰你清晰判断、阻碍你找出问题症结，蒙蔽你真情感的思想、反应和情绪；你会清楚观察到所有的情绪，分辨出对你有害、让你痛苦和带给你困扰的渣滓，同时也能决定如何去芜存菁。

静默和独处都会引爆冲突，

它们能在瞬间把我们丢进现实真相里，

也因为如此，

二者对我们灵魂的健康影响极大。

退一步，看得更清

假设你想挂一幅画在你的起居室，你一心想着这件事，专注到只知道把钉子钉在墙上，不肯稍作停歇，退后一步看看画是不是挂歪了。腾出静默的片刻，意思就是要你退后一步，保持足够的距离，好让自己能清楚辨认生活之画可曾倾斜。沉静下来，你的视野会更明晰，或许还能明确认出生活中失衡的部分，这可能是你不曾有过的经验。

内省使外发行为更具威力。如果你能拨出一段时间，什么也不做，专为独处静默，那么等到你有所行动的时候，你的行为会收效宏大、更有意义。贤哲、僧道、圣人、武士都知晓这个道理，在开始一段旅程、迎接一场战斗、主持一场祭奠或接下一件任务之前，他们常会抽身独处；或在月圆夜下的山巅、或在深邃隐秘的林间、或在不为人知的小木屋、或在教堂里，他们独自面对自己。这时，他们会先放下所有的包袱，忘却所有的限制，将心灵敞向神圣不可探测的虚无，然后不可知的力量会带引他们到达超越时空的境地，万物源头的生之力量将拥抱他们；等到他们再度出现，扛起尘世间待完成的责任时，他们已从那不可限量的源泉汲取了巨力与远见。

就我自己来说，我一向引以为自豪的创造力和曾有过的贡献，均奠基于静默。20来岁时，我常去欧洲和其他的静修导师一起修习静坐沉思的课程，一去就是好几个月。在例行的打坐练习当中，我们会同时实行为期数天甚至数星期的静默。一次几个星期的静默里，我一声不出，当然也听不到别人发出的声音——没有交谈、没有寒暄、没有说笑，只有沉默。在静默中我沉潜得愈深，我的灵魂所体悟到的便愈奥妙。

回首往事，那段岁月是我一生中最重要、影响最深刻的几个转折点之一，为后来几年我所从事的工作奠定了深厚的基础。我先生曾戏谑道："是啊，只是你从静默中走出来之后，你就开始一直讲话、一直讲话，到现在还没停过！"从某个角度来说，他倒也没说错。我曾如此深刻地走进自己的内心，好像把一支箭架在弓上，然后将弓张满。至今我仍常自觉像那支被张满的弓所弹射出去的箭，还在笔直向前飞驰——向着拉弓时的反方向。我很清楚，如不曾深自内省，我便无由以如此之决心与毅力入世奉献，也无从知晓如何谛听神秘力量给我的指引。

虚空的力量

静默的力量来自它的虚空。静默是一个能广纳一切的空间，它创造了一个神圣的虚无，一个你能接收真理、希望、力量、治疗和启示的开口。在静默中，你超越文字，与无言的世界相对；你跨过形式，探触无形的万有。在寂静祥和中，一切了然于心。

静默不等同于祈祷。祈祷是一种引导情感和思想，使之集中并传向源头的方式；静默却是倾听，是接纳，是无所为。祈祷是努力去探寻源头，或是企图与之沟通；而静默，是让自己去谛听内心的源泉之声，让自我成为源头活水的一部分。祈祷是求之于外；静默是反求诸己。祈祷时，你是发出信息的人；而静默中，你是接收信息的一方。

我相信不论是上帝、天主、宇宙先知、上天或任何你所信仰的诸方神圣，都等待着我们去叩门求援、去感恩、去颂扬；但我也相信，与神灵的沟通应该是双向的，你可以发出信息，同时也可以接收。如果你觉得自己已竭尽所能以传统的方式向圣灵祷告，却总达不到预期中的结果，那么或许该是试试少祈祷、多倾听的时候了，可能上帝久已有话要对你说，却始终苦无机会，插不上嘴呢！

在静默中徜徉，一如在海洋上航行，都是一种技巧，需要学习。练习得愈多，技巧愈纯熟。首先，让自己的心静下来，放弃所有平常的思考模式，就像乘一艘小船，让它载着你远离岸边、航向大海。船有很多种，让心静下来的方式也有很多种，任何一种静坐的技巧和呼吸的练习，你都可以尝试。花点时间，找到最适合你的方式。毕竟，若是不喜欢你的船，你不会愿意经常出海。

找到载你远离例行轨道的交通工具之后，接下来你需要掌握潮流，学会如何乘浪而行。“浪”有很多种，静默也有许多不同的层次：

表面的静默，一种宁静、温柔的沉着，轻轻哄着你、将你包围。

深层的静默，糅合了爱和知识的强劲旋涡，卷起了你的灵魂，一路颠簸进入意识的新层次。

然后，是如潮涌般的静默，一股难以抗拒的力量遮天漫地袭来，吞没你的自我和自尊，把你深深埋入无边无际、天旋地转的光和喜悦之中，直到你被搓揉成其中的一部分。

就从你现处的境界开始，让静默引导你，带你到你该去的地方。

静默一旦成为你的朋友，
便会用你听得见的音量开始对你说话。
你再也忽视不了它的声音，
因为那是你的灵魂对你呼唤的声音。

如果你不习惯走进自己的内心，那么学习航向心海的过程中，你得对自己有点耐性。熟悉航程的节奏和旋律需要时间，急不得。

你可以想象和一位朋友在林间散步，朋友随身带了一部录音机，他把音乐开得震天响，除了音乐，你什么也听不见。这时，如果你的朋友忽然把录音机关掉，一时间你还是不会听到太多的声音，你的耳朵需要适应这个安静的环境。但是很快地，你会开始注意到许多一直存在的声音：树叶在风中沙沙作响，小动物在树丛里奔窜，纵横叠错的枝丫交相唱和。听得愈久，听到的愈多。

学着走进自己的内心也是一样的道理。刚开始，似乎没有什么特别的感觉，你好像只是坐在那儿静静地练习吐纳或打坐；但是过不了多久，你就会懂得拾取那些细微的、无声的情感——它们其实一直都在那儿，躲在每天纷扰不堪的思绪底下。

宁静之法

以下还有一些帮助你在生活中，拥有更多宁静时光的简易方法：

开车时不要开收音机——车子是一个很棒的活动式静坐中心，在车子里，不会有外务干扰，你也不能随意起身走动。我有很多非常好的灵感或启示，都是在开车时得到的。12年来，我在洛杉矶每个月都会办一次周末的研讨会，每次研讨会前的那个周五晚上，我就得开车前往会场。路上，我总会尽量保持安静，掏空自己的思绪，只接收来自心底的声音。我也常在长途开车的时候保持静默，尤其是开车出城去旅行，静默常会带来美好的感受，往往还没开到目的地，一些思索了很久的问题便已得到答案或找到正确的方向了。

让你的车子成为你的圣地，单独开车的时候，尽可能保持安静或只是听听轻柔温和、没有歌词的音乐。眼睛注意路况，耳朵则可以用来倾听发自心底的声音。

在烛光下或炉火边静静地坐着——在壁炉里升个火或在餐桌、书桌旁点亮几支蜡烛，让自己尽量靠近火光，关掉电灯，电视和收音机也都关掉，免得有干扰；你就坐下来，看着火焰，听听木柴在火上爆裂的噼啪声，或欣赏蜡烛熔化后滴凝成的蜡柱。想象这火光照亮了你心底最幽暗、最隐秘的地方，看看你能瞧见些什么。如果什么也没看见，仅仅享受这片刻的单纯也好。

和你爱的人静静地散步——这是你们分享静默的一种方式。找个令人愉快的地方散散步，愈安静的地方愈好。要手牵着手，感受对方脚步的节奏和对方双手的温暖；用心去看、用心去感觉，你会发现你们的心正在无声地对话呢！

布置自己的“圣地”

哲学大师坎贝尔（Joseph Campbell）指出：“能使你一次又一次找到自我的地方，就是你的圣地。”

我相信每一个人都需要一个属于自己的圣地—— 一个象征性的所在，让我们的意识觉醒，并集中在我们真正该走的道路上。拥有一个自己的圣地，会让你的人生享有更多的真实刹那，你曾拥有过的快乐时光也会回到你的心里，航向内心的旅途也会因此少些风雨阻隔。

圣地可以是卧室角落里，你常抱着祈祷或静坐的大枕头；可以是你用来收藏有特殊意义纪念品的柜子或小抽屉；也可以是在你成长过程中，用来粘贴各种座右铭的一面墙。那是一个你可以在它前面，或跪、或站、或坐的地方。不必很大，卧室茶几上一个6英寸见方的小角落就可以。

圣地之所以为圣地，审视你的心意，就这么简单。不需要金碧辉煌的神像，不需要贵重的家具或摆设，你需要的只是任何你喜欢摆在那儿的东西，能让你定下心来、能唤起你的灵魂的任何东西。你的圣地可能有：

你所爱的照片——你的配偶、孩子、朋友、家人、宠物。

已过世的亲人的照片。

对你有特殊意义的宗教物品。

精神教师或领导的照片。

能让你回忆起某些珍贵的真实刹那的纪念品。

你最珍爱的精神食粮——你的圣经、祈祷文等。

来自大自然、能提醒你和地球的关系的东西：石头、水晶、花、贝壳等。

我的圣地就在家里的写作室。此刻我正面对着它——就在靠窗一个小矮柜的最上层。上面有很多我刚刚列出来的小东西，还有许多我的宝贝。那是我祷告的地方，让自己心志集中的地方，祈求指引的地方，为我得到的赐福感恩的地方。在那里，我有特殊的私人仪式，这些仪式是经过特别设计的，用来帮助我反省自己、记住我是谁以及我为什么在这里。每当我感到迷惘或恐惧，每当我心意不能集中，就会到我的圣地，跪下来或坐在它的前面，让它带引我找回自己。

你愈常造访你那有形的圣地，
就愈容易养成和内心圣地结合的习惯，
很快地，不论你去到哪里，
你都能拥有一个紧紧跟随你的圣地。

即使出门旅行，我也会有一个随身的小小圣地。每次下榻旅馆必做的第一件事，就是拿出我的几样小宝贝，放在我的床头。然后，这个房间就会变成我的房间，我的心便会得到宁静。

借圣地回归自我

有的人喜欢在户外有另外一个圣地。如果你很幸运，在居住环境允许的情况下，你的户外圣地很可能是屋后一棵特别的树、湖边的一个小据点或海边的某一块石头。每次造访圣地，你可以带着你觉得很重要的“圣物”，当然也可以空手而去，就让大自然的灵秀之气帮助你回归自我。

如果你家里还没有一个属于你自己的圣地，别急，只要有心，慢慢来，让圣地自己告诉你，它想要在哪里。等到一件件东西慢慢聚拢到一处的时候，你的圣地就在眼前了。那些东西之中，有的你已拥有很久了，有的可能是最近才意外收到的礼物；然后，迟早你会发展出自己特有的仪式，在属于你的神圣空间享受真实的刹那。

要使任何一个地方成为可以享有真实刹那的地方，最简单的方法就是让爱进来。爱能使任何一个空间变得神圣，使任何一个片刻变得意味深长。你和你的爱侣夜晚相拥而眠，紧紧地拥抱在一起，那就是一个爱的圣地；你为女儿梳头发的时候，那也是一个爱的圣地；你搂着一位满怀伤悲的朋友，神圣的空间就在你们的四周。爱能把我们带进超越时间的狂喜空间中，当我们沉浸在爱里，爱便是天地间的一切。其他，都不存在。

读完这一章，闭上你的双眼，慢慢地深呼吸，并且把注意力从外在的世界抽回内心。让自己漫步在思绪和情感之间，别停下来，直到你找到那无声寂静的世界。沉潜进去，愈行愈深。现在，你能优游在静默之中了；让静默渗进你全身的每一个细胞，你知道静默就是祥和，你知道静默就是爱，而你就是静默。

第十二章 仪典的启示

仪典中的人们其实是处于一个神圣的时空中，
仪典之外的空间全是次要的。
时间在这个时候也以另一个角度，呈现在人们眼前，
情感的流动更加顺畅，所有参与者心中都注满了丰沛的生命力，
连他们周遭的生命都能感受到那股活力，并因此得到益处。
世界为此焕然一新，万物皆臻神圣。

——美国作家贝尔（Sun Bear）

仪典能为你制造更多的机会，让你享有真实刹那，它们能化平凡的日子为神圣的世界，带你回归完整无缺憾的生命。在你举行祭奠或某种个人仪式的时候，你的态度会立刻谨慎、庄重起来；你的每一个动作都有一定的意义，那个特定的时间和空间变得神圣无比；你的人和你的心都专注在此时此地，不敢须臾或忘仪典背后的深意，你的心在此得到滋润，你的灵魂在此得到重生。

自有人类以来，仪典就是人类生活的一部分。与地球和谐共存的前人懂得这种神圣仪典的重要性，他们视仪典为与天地相系的脐带，能为野俗粗糙且处处险阻的生命注入较高层次的意义；于是栽种作物、庆祝丰收、歌颂四季的变换、赞美身体各阶段的成长，都有一定的典礼。

舞蹈、歌唱、诗篇吟诵、盛宴、斋戒沐浴或祈祷，都不是随兴而起的活动，而是在特定时节为特定目的而举行。

然而随着历史的演进，人类和地球的关系愈来愈疏远，我们的生活也从注重心灵的成长转为世俗化的现实。在这过程当中，我们放弃了许多生活里的仪典，只顾忙着追求更高的成就、满足更多的欲望，无暇为各种仪式的铺陈停下脚步，因为我们已习惯于要求立即可见的效果，对于不可能马上见效的仪典，早已失去了耐性。

有些仪典已遭淘汰，有些则已受到物质主义的污染，尤其在美国，生日、圣诞和各种周年纪念，都已变成收受礼物、大吃大喝的日子，歌颂爱和更新的意义已不复存在。婚礼变成豪华奢侈的大请客，似乎与两人同心奉献不再相关；甚至连死亡也逃不过商业主义的魔掌，我们不惜投下巨额金钱装点棺木和墓碑，却不愿多花一点时间真心赞美我们逝去的朋友或亲戚，为他的灵魂祈祷。

仪典——反省的契机

生活里没有了仪典，匆匆便是生命的节奏。我们不再停下来反省，不再思考周遭事件的意义，也很难记得生命在大我中的目的，忘了自己是谁，失去了方向。

最近的一趟巴厘岛之行，我飞越了千里之遥，才亲眼见识到了仪典丰富生命的力量。巴厘人做每一件事情都有一定的仪式——每天早上打开店门，迎接一天的生意有其仪式；桥梁落成典礼要依循某种仪节，以祈求今后来往人车的平安；学步的小孩跨出第一步时，也有谢神或庆祝仪式。我们那位温柔好心肠的导游艾迪，一边开车载我们穿过岛上青绿的稻田和苍翠的山丘，一边神情敬慎地为我们解释各种特殊的祈祷式和仪典。他虔诚地说："这些仪式能使我们将注意力凝聚在真正重要的价值上。"

当仪典离心灵和情感愈来愈远，

并转而只重视物质排场时，

我们的灵魂

便再也找不到回家的路。

巴厘人很清楚他们每一件作为的意义，因此总是自然流露出一种祥和宁静的神态。和西方世界最不同的一点是，他们绝不会只在一年中的特定日子，欢庆孩子的出生与成长、感激大地赐给丰盛的粮食，或为家人之间的亲爱而开怀；他们每天都以简单却充满和谐之美的方式，表达对天赐福分的感激。他们的每一天都由真实且深刻的刹那所串成。

仪典目的何在?

仪典使生命有节奏感

仪典有如人生道路上的节拍器，生命的延续由此而来。有了它们，不可测的世界才有了可预知的阶段性。遵奉仪式的各种行为有如一条线，把属于你的每一天、每一夜连接起来，也把你和身边熟悉的世界串在一起。每天早晨迎接黎明时的祷告，每一个周年纪念日时，你和心爱的伴侣再次互许盟约的仪式，每个星期天你和你自己去散步——这些都能成为度量你人生旅途的里程碑。仪典中，你自然地停下仓促的脚步，专注于你所在的时间和空间，专注于你自己的情感。

每年的最后一天，杰佛瑞和我都举行一个特别的仪式。我们会花几个钟头的时间，坐在一个安静的地方，细细回想过去12个月里，值得我们感恩的每一件事。我们彼此明白，对方和一些其他的人为我们付出了爱；我们分享感激之情——对于曾遇到的事、曾学到的教训、曾面对的挑战和由挑战所激发的新智慧。我们逐月回想重要的时刻、爱的回忆和每一桩天赐的好运。在新年即将来临的时刻，我们觉得自己幸运无比，心中充满了感激。

可惜很多人是以喝个酩酊大醉的方式，来度过这么富有意义的时刻，第二天早上除了宿醉的头痛，什么也不留。当然，喝个烂醉也算得上是某种仪式，但基本上这样的仪式只能使人丧失知觉，而不能让人意识更清楚。杰佛瑞和我的除夕仪式使我们觉得自己和过去的这一年都完整无憾，同时热切期待新年的到来。我们以创造并享受真实刹那的方式来结束过去的一年，对我们来说，实在是至高无上的享受。

仪典是为庆祝重生，使生命从某一阶段过渡至另一阶段

当生命在进程跨越了一个象征性的门槛时，仪典是一个很重要的纪

念方式。借由仪典的举行，我们宣示生命中的重大改变——出生、结婚和死亡。但是仍有许多深具意义的事件无声无息地发生、消逝，没有人注意，也因此变得似乎可有可无。

比如，“再婚家庭”（Step-family）的形成，转换职业，从一个家搬进另一个家，成功地戒掉某种瘾，从意外伤害或重大疾病中痊愈，女性初经的来潮和中年以后的绝经，离婚或结束一段感情，最年幼的孩子长大离家，努力了多年终于达到了目标……以仪典来凸显、标示这些经验，能使这些经验强化为深刻的真实刹那。

几年前，杰佛瑞和我开始论及婚嫁的时候，我发现自己非常紧张、害怕。我知道自己紧张的原因——我还没忘掉过去几段失败的感情所带来的伤痛，那种像是被毁灭、被捣碎的痛苦，还停留在我心里。我多么希望我没有结过婚，那么我就可以如白纸一样，纯洁地站在杰佛瑞的身边。我无法让时光倒流，于是决定为自己举行一个象征过渡的仪式，向自己正式宣告心中多年的伤痛结束，未来幸福美满的新生活自此开始。

我带着每一个我爱过的人的照片、一些纪念那几段关系的小东西，独自来到海边一个视野宽阔、可以静坐的小山丘上。我还从家里的“圣地”挑选了几样特别的东西随身带着——它们每每能助我找到真理。然后，我开始了我的“解放”仪式：我默默地谢谢每一个男人给过我的爱，谢谢他们带给我的成长和让我学到的教训，收回我觉得自己曾交给他们的片片“自我”，并且向过去的一切说“再见”。最后，我把所有的照片和信件撕成碎片，用一个小碗盛着烧成灰烬。我一边把灰烬撒向空中，让它们回归大地，一边在心中默祷：从此我的心得以痊愈，不再恐惧任何承诺，并得以将这颗再次缝合的心，完完整整地交给杰佛瑞。

这个仪式标志着我已由从前的旧我，过渡为现在的新我。在仪式当中，我得以充分肯定自己的转变，并正式宣告过去的已成过去。仪式之后，我仿佛甩掉了千斤重的恐惧重担。当然，我还要继续努力建立自己的信心，并巩固我们的关系，但是那次仪式，确实是我心理痊愈过程中，很重要的一个转折点。

或许你已悄悄经历了许多人生重要的阶段，但不曾停下脚步为你的旅程致敬，更或许此刻的你，正处于一个重要的转折历程中。试着抽出一点时间，为自己举行一次意义深刻的仪式，来庆祝自我的重生吧！

仪典是为疗伤与更新

仪典可以纯化及强化你和上帝、你和爱侣、你和工作甚至你和你自己之间的关系。当你觉得自己需要清新的理智和毅力、需要指点和引导，或是和你爱的人想要一起步入更深层的亲密关系，却感觉到有所阻碍时，你都可以试着以某种仪典来为自己的灵魂更新、换血。

能化时间为仪式的是什么？是你的意志。

唯有你的意志，

才能使时间仪式化并深具意义；

你的心思、意向决定了你行为的意义。

每次着手写一本新书之前，每当自觉心神过度投入工作，而对周遭一切失去感应，或是某些旧伤痛又袭上心头无以排遣时，我就会给自己一个仪典，让心灵重新开始、再次出发。有时就在家里的圣地，有时会在浴缸里——如果我觉得需要真正的“涤净”，有时选择山顶、大自然，或者时间允许的话，会去我最钟爱的“力场”之一，如亚历桑纳州境内的喜多拿（Sedona）。每次在这样的仪式之后，完整和安全的感觉总会漾满心头。

心念重于形式

所有的仪典都自心里开始，在心里结束，与地点或用品其实没有多大关系。真正的关键是爱，是虔敬，是心念。

只要有心有意，就是一场庄重的仪典。在为自己举行的仪式当中，千万不要掉进物质的陷阱里，而把真正的目的给遗忘了——要创造一个灵魂得以重整、意识内涵得以丰富的时刻。你身旁不必点满蜡烛、香火，不必安排特别的场地，如果你不喜欢，你也不必有什么特定的方式或步骤。你所需要的只是一份决心——使你身处的此一时空深刻丰富，使你的这段经历庄严神圣。

每一个人都应该去重新找回，并重新定义我们的各种仪式。有些仪式是你每天生活的一部分，有些则要在特殊的时机里才会举行。以下我要提出一些为传统婚丧喜庆场合注入生命与意义的观念。至于要采用什么样的仪式或依循什么样的步骤，则悉听尊便。

生日——庆祝在过去一年里你所成就的那个人诞生了。为添新岁而心怀感激，也谢谢所有为你祝福的人。放下一切你不愿意再带进未来这一年里的包袱，谢谢父母亲的结合，使你有机会来到人世走这一遭。

结婚周年纪念——庆祝你俩在过去一年里相互的成长，互相赞美彼此为对方所做的奉献和所付出的爱，肯定伴侣为你所做的改变。为你俩的关系再次许下承诺，更新过时的誓言，为新的一年再订盟约。

生产前赠送贺礼的聚会（Baby Shower）——大家一起分享对母亲与婴儿的祝福，并提供有用的经验；以智慧的累积和经验的传递，代替纯粹物质的馈赠。让准妈妈腹中的小宝贝知道，大家多么地爱他并期待他的诞生。

感恩节——和大家一起感谢一年来上天的赐福。打几通表达谢意的电话，写几封表示感恩的信，感谢大地赐你以温暖的家和赖以维生的食物。

圣诞节/新年——感激并赞美一年来所得到的祝福、所拥有的爱以及照亮生命前路的智慧光芒。和你在乎的人分享爱与感恩的心，为新的生命循环注入欢愉的力量。

复活节/逾越节（Passover）——释放自身所有不愿意再背负的包袱、所有你不再需要或不再能助你更臻完美的素质。过去种种譬如昨日死，今后种种譬如今日生；向昨天的你说再见，展臂迎接重生后的自己，迈向更自由自在的人生旅途。

休假——设定个人心灵、精神更新的目标；决心不再把沉重的包袱、绷紧的神经和情感的障蔽带回来；趁着可以远离尘嚣的休假时间，多多和自己、和心所爱的人重新培养感情，一起疗伤止痛。

以大地为师

我们的地球、我们的家，知晓仪典和欢庆的神秘力量。每当清晨，太阳用它橘红鲜艳的光芒亲吻地球，为大地带来光和热；鸟儿啁啾唱着快乐的歌，迎接一天的到来；花园也绽放出丰富亮丽的姿颜，拥抱每一个崭新的一天。每当黄昏，西下的夕阳以彩绘般的天空，向人们挥手告别，为大地披上夜幕；蟋蟀唧唧唱出婉转悠扬的摇篮曲，白日里扰攘的尘世便轻轻地摇入了梦乡。每当寒冬，大地抖落一身的旧叶，好让新枝出头；每当暖春，大地便以旺盛的生命力骄傲地欢庆重生。

地球绝不允许它的容颜转变无声无息、无人知晓。它总要以壮丽的、充满了戏剧性的仪典来宣扬、赞美一切的变化。我们都应该学习这份精神，用神圣、隆重的仪典来宣示我们生命中的每一个阶段。大地是我们最好的榜样。

只要你怀着神圣、专注的心，生命中的每一分、每一秒便都将变成一个仪典，歌颂着你和造物主、你和有情万物的深深牵系。

第十三章 慈悲与感恩

我们成就不了伟大的事业，

只能怀抱无限的爱来做一些小事。

——特蕾莎修女（Mother Teresa）

好几年前，一位来自加州马林郡（Marin County）的赫博特女士（Anna Herbert）在不经意中有了这样的念头："随时发挥一下慈悲的心肠，不经意地表现一些美好的行为。"她开始和亲朋好友分享这个想法，她说这是一种"具有正面意义的不按牌理出牌"，并且决定不时随手做一些好事，来实证她的哲学。比如，她会在一片杂草丛生的空地上，种一些美丽的花。很快，她的想法和做法受到许多人注意，还上了汽车保险杠上的贴纸，在美国各州广为流传，"好人好事游击队"行动于此诞生。

慈悲的行为能立即创造真实的刹那，每一桩善行都是日常灵性的一场生动仪典。这些善行在你和他人之间，搭起了沟通的心桥，你们的爱从此有了交流的管道。

随时行善有一个很重要的特色：只要你愿意，每天都可以有成千上万的机会让你行善。公路上随时会有车子，等着换入你的线道；电梯外随时会有人冲过来，想赶上这一趟；总会有人走路时不小心掉了东西，需要你帮他捡起来；你的孩子需要你对他们说“你是最特别的一个”；你的伴侣需要知道他拥有你的爱；你还可以花一两分钟，拨通电话告诉朋友你很珍惜他们；还有好多小猫、小狗渴望有人抱抱它们、搔搔它们的背、亲亲它们；给路上擦肩而过的陌生人一个微笑，好让他们知道他们不是隐形人。

两年前的新年假期，杰佛瑞和我到一个小岛上，租了一间小木屋。就在抵达后的第一天，我在小木屋外，刚坐下来想看一会儿书，忽然听到一声很微弱的“喵”，声音像是在哭泣。我往矮树丛里看过去，一眼就看见了“她”—— 一只骨瘦如柴的黑色小野猫，皮包骨之外连毛都不太多；看起来她已经有好几个星期没东西吃了，恐惧和饥饿让她整个身子抖个不停。我知道只要我一喂她，接下来的10天她就会跟定了我们，可是一想到她竟然饿成那个样子，我很于心不忍。于是我转身进屋里找了一个鲔鱼罐头，然后放在她看得见的地方。

慈悲的滋味

这只猫哼哼唉唉地叫了大约有20分钟，始终不敢走过来靠近罐头。我可以想象她还在害怕——她已经习惯被附近的游客吼叫、追赶，所以不敢相信我竟然不会伤害她。我坐在地上，用很温柔的声音跟她说话，向她保证只要给我机会，我一定好好照顾她。

终于，小猫开始小心翼翼地往那罐鲔鱼走过去，用最快的速度狼吞虎咽一阵之后，又飞蹿回矮树丛里。可是我知道她一定还会回来，事实上她的确回来了——就在当天的晚饭时间；当然，我也准备好了。我去附近的杂货店买来了一堆猫食，这回她只考虑了5分钟，便培养出足够的安全感，走过来开始享用她的晚餐。

我照顾这个黑色瘦小的朋友10天左右。白天里，大多数时候她陪着我们在太阳底下散步；有几天晚上下起雨来，我听到她叫我，于是打开前廊的门，让她有个干爽的地方可以遮风挡雨。每天早晨醒来，我都会迫不及待想去看她那躲在树丛后面，偷偷窥视我们的小脸蛋儿。杰佛瑞不断地提醒我：我们走了以后，下一个房客很可能又会把她赶走，可是我就是不愿意去想这件事情。

假期结束，注定分手的一天终于到来。小猫咪看着我们收拾行李，在我的脚边跟进跟出，仿佛在说："请不要走。"我写了一张纸条给下一个住进这间小木屋的人，求他们继续喂这只猫，我还把没吃完的猫食都留给他们。可是就在我们收拾妥当，拎起行李走到大门前，小猫咪直挺挺地蹲坐在我的前面，用那双绿色的眼睛直直地看着我时，我还是忍不住哭了。"我抛弃了她，"我深深地责怪自己，"我知道我不可能带她回美国，可是我给了她我的爱，现在又残忍地丢下她……要是一开始我不让她尝到慈悲的滋味，对她可能还比较好。"

爱永远不白费

突然间，我的脑子里有一个声音轻轻地对我说："是你让她有生以来第一次尝到了慈悲的滋味，她一辈子都会记得这个感觉。在有生之年，她都会记得，曾经有人爱过她。爱永远不会白费。"

我永远不会有机会知道我的小黑猫下落如何，我希望有人会继续照顾她。然而我可以肯定的是——因为她，我在那次的假期中，经历了许多宝贵的真实刹那。我的爱和慈悲，尽管非常短暂，但确实改变了她的命运，而她的爱也影响了我。

慈悲为怀、随时行善以创造真实刹那的方法很多，数不胜数：你可以做好一些三明治，带到公园里分送给露宿公园的流浪汉；你可以插一朵小雏菊在某个陌生人的车窗玻璃上；你可以告诉那位在餐厅里为你服务的先生或小姐，他们的工作表现非常好。甚至你动都不必动——只要随时对人抱持善念和爱意，自然能生成正面的效应和影响；如果看到有人愁眉苦脸或孤单寂寞，你可以在心中为他们默想得到光和爱；想起在困境或伤痛中的友人时，用你心中爱的能源抚慰他们。

千万别低估了小小善行的疗伤能力。一个爱的字眼，就能把人从痛苦深渊中拯救出来，并且带给他们希望；一个微笑，就能让人相信他还有活着的理由；一个关怀的举动，甚至可以救人一命。有不少人亲口告诉我，他们曾经非常认真地考虑过结束自己的生命，而在电梯里有个陌生人跟他们打了个招呼，或接到一通朋友打来的电话说“我心里正想着你”之后，便打消了自杀的念头。仅仅一个关爱的真实刹那，就足以改变一切。

爱和慈悲永远不会白费。

生命永远会因为它们而有所变化。

受者因此得惠，

而施者如你，也因此得福。

正在读这本书的朋友，从明天开始，如果你能每天随手做一件好事，我们的世界一定会从此改变。

感谢天地

昨天我去爬山。到达山顶时，我在两座高高的石塔之间，找到一块平坦的地方坐了下来。万里无云，一望无际，古老的红石大峡谷，是大地的雄伟标记，成就出这片美国西南部的壮丽景色。层峦起伏的山丘，因为有了仙人掌、小丛林和野花的点缀，显得生机盎然。如洗的碧空，绵延天际。风有点急，却有着温馨软玉般的气息，吻遍山头和我的脸颊。两只鹰在我头顶上的空中，不费吹灰之力地随着气流时而翱翔、时而滞留，看它们展翅御风的英姿，仿佛也在为这壮丽的景致和美好的午后仰天赞叹。

我为寻找真实的刹那来到这山头，结果不虚此行。除了我身处之地和眼前的美景，其他一切都已抛在脑后；目睹了造物主如此妙不可言的挥洒和安排，感恩是我唯一的心情。感谢天地间存在着这么一个角落；感谢我还保有一双稳健的腿，能攀上这陡峭的山坡；感谢我能拥有清晰的视力，得以亲视上天鬼斧神工的精致与细腻；感谢我至爱的丈夫和心灵之旅的同路友伴，他们的精神与我常伴左右；感谢生命中一路行来曾指引过我、护卫过我的各方力量，使我能平安地活到此刻。

我的心充满了宁静的喜悦。意识已完全腾空，只等待平静祥和的到来。全身的每一个细胞都在轻轻地诵念着："谢谢……"

归根结底，真实刹那永远是感恩的时刻。心中没有真正的感激之情，便不可能享有真实刹那。你若有心，则仅仅为了还活着、还能全力投入手边的工作，便该心存感激。你独一无二的存在是个奇迹，你寄寓的世界也是个奇迹。不必来到山巅才能激起你的感激之情，任何时候只要你稍歇脚步，凝神体会自己活在这地球上的事实，你的心灵自会轻叹一声："谢谢。"

以赞美回馈

如果你想要拥有真实的刹那，但怎么也想不起来这些篇章里所说的任何一种方法，那就专注于感恩的心吧。想一些令你觉得心怀感激的事，让自己全心全意地沉浸其中；令你心怀感谢的或许是孩子的健康平安；或许是朋友对你从不间断的关爱；也许你会为早晨能从舒适的床上悠悠醒来，并且有早餐可吃而心存感激；也或许你为经历了长久以来种种自我毁灭的行径之后，仍能存活至今而感谢不已。不要保留、不要抗拒，就让自己湮没在感恩的洪流里吧，真实刹那就在其中。

时时心存感激，你的生命便是一篇有力的祷词。我们常以为祷告是向更高力量寻求帮助或恳请赐福，而在我们的生活当中，总有些时候、在某些地方，会很需要外力的指引或帮助。然而“祈祷”（pray）这个词的本义其实是“称颂赞美”（to praise）。人类自古便知道，以祈祷感谢上帝创造万物，并歌颂生命的美好。这样的祈祷，是传送人类感激之情的通道，连接我们自身对生命的热爱，并提醒我们：真实刹那其实一直源源不断地降临在我们身上。

一位美国土著居民的精神导师和作家贝尔（Sun Bear）认为：人类长久领受了上天的赐予，祈祷是我们借以回馈造物者的一种方式。地球赐予我们以立足的家园；空气让我们呼吸生存；水使我们活命维生；阳光为我们保暖，并照亮我们的前路。感恩，让我们回归平衡的生命。

我们的祈祷和赞美如何能影响这大宇宙？祈祷和赞美是一种动力，是一种爱的共鸣；而在宇宙中，所有的共鸣必互相影响。当你心怀感激，你便是以具体有形的方式关爱这宇宙万物。

地球是一个活生生的、会呼吸的有机体。地球也需要爱和慈悲的照拂，一如生存其上的所有生命，一如你。我们经常忘记自己只是地球的过客，忘记大地之母宽厚地以其自身赐予我们舒适和快乐。你如果受邀到朋友家做客，你会把垃圾倒在她家的地板上吗？你会在她的水源里下毒吗？你会为了争取多一点空间放置自己的财物，而拆掉她家的墙吗？你会为贪图更大的生存空间或只为了消遣，而杀死她家的宠物吗？

我们一直是以上述那种野蛮的方式，来对待生养我们的地球，像一群鲁莽无知的客人，以为这地方可以来去自如。可这是我们的家啊，除了这儿，我们哪儿也去不了。

学会说“谢谢”

我们不能再视大地之母的关爱、款待为理所当然。我们必须像个行止得体的好客人那样，尊重我们分配到的空间；自己弄脏的地方，自己清理干净；使得上力帮忙的地方要不遗余力；然后，最重要的，我们要学会说“谢谢”。

就从随时说“谢谢”开始，你可以现在就行动。

如果你就在窗户旁，看看窗外，仔细瞧瞧那些绿树，或是和你在这个星球上做伴的人们，或是让你得以看见眼前美景的日光，然后说一声“谢谢”，大声地说。你会觉得很舒服，你的脸上会出现微笑。

如果你在家，冰箱里又正好装满了大地慷慨供应的各色食物，打开冰箱门，看看这些滋养美味的繁多色样，多么令人激动赞叹，然后说一声“谢谢”。

走进孩子的卧室，细细端详他们沉睡的面孔。吻他们的额头，为他们盖好被子，然后说一声“谢谢”。

来一个深呼吸，感觉空气流入你的肺部，为你的躯壳注入生命。呼气，同时也释放掉所有不再有用的东西。再一次吸气——只要你还有需要，就永远会有足够的空气供应你每一次的呼吸，这是天地间为使你活下去的完美组合。再一次呼气，然后说一声“谢谢”。

谢谢你们读了我的文字，接纳了隐藏在这些文字背后的爱。谢谢你们陪我走过这一段路，一直陪我走到这里。我们快到家了。

第十四章 回归心灵的原乡

我努力寻找上帝，却总只看见自己；

我努力寻找自己，上帝却总在眼前。

——苏菲引语（Sufi Quote）

人生之旅的终极目的在哪里？不在别处，就在这里；不在过去，不在未来，就在当下。唯有在当下，你才能找到你自己。也唯有在当下，你才能看见上帝。因为你所拥有的，别无他物，除了当下，还是当下。

我一辈子都在学习怎样回到当下，回到我真正存在的地方。在唤回我那曾经一片片逃家灵魂的过程中，自我也慢慢地、一点点地聚拢到这儿。我的心灵曾经自以为可以带我寻找到快乐而奔赴各地，终了却发现快乐无法刻意获取，唯赖学习而得，如今它们一片片朝我走回。

我一次又一次地忘了自己，又记起了自己，忘了又记起，忘了又记起。这就是人生，不是一条从这里到那里的直线，而是一个圆圈，从这里出发，再回到这里。只是每绕一圈，遗忘的痛苦便少一点，再记起也更容易一点。

成长之路指向真理

曾经有人以伏地的老鹰如何飞向天空来比喻我们灵魂的成长。老鹰从不拔地而起，一飞冲天；它是以盘旋的方式，在相同的范围内绕行一圈又一圈，但却是一圈高似一圈。这也是我们回归自我的方式——缓慢地向上提升，升向真我的完整与自由，而最终，我们将成为真理的一部分。

《犹太法典》（*The Talmud*）上说："每一根小草都有它自己的守护天使，坐在它的肩上日夜对它细语：'长大啊，长大啊……'"你也一样，在回归自我的人生旅途中，自有指引和保护。在你准备好的时候，在你需要的时候，精神导师自会适时出现。事实上，他们已经出现了，只是有些你认得出来，有些你认不出来。别忘了，精神导师会以各形各色的面貌出现，有些最出色的还可能看起来一点也不像老师呢。

当我刻意追求快乐，

快乐即隐而不现。

当我不再一味寻找，

只全然放心当下，快乐竟在眼前。

精神导师的任务不再带你往某处去，而是帮助你专注于你所在之处。要知道，你愈能放心于每一个当下，便能愈快感受到早已等在那儿的爱与宁静。

艺术家克伦姆（Thomas Crum）曾说：

> 如果你把生命里的每一天、每一次呼吸，都看成一件雕琢中的艺术品，那将会是怎样的一种生命形态？把自己想象成一件未完成的艺术品，每一天里的每一秒钟，一件伟大的艺术创作随着一次次的吐纳而逐渐成形。

夕阳薄暮里，我不知不觉地来到了后院，从这里我可以眺望自海面升起的浓雾，挨着我家这座山丘和横亘眼前的这片荒野之间，一路涌进山谷里。天空是一片紫氲和金黄色的火焰。夜莺如敬谨守本分的僧侣般，反复咏唱着同一个旋律。天地间，一切都静止了。

刹那即永恒

抱着碧珠坐在院子里，对大自然道晚安时的优雅身段惊艳不已之余，我暗自思忖：“这些慑人魂魄的景致永远会在这里，即使三四十年后我已作古，这一切仍然不会改变。一样的雾会在一样炎热的夏日黄昏里涌现，带来一样朦胧的夜；海依然会静静地躺在远方；草坪上依然会是树影摇曳；月亮依然会自云端升起，将一片银光洒向山谷。一切的一切都会在这儿，而我，已飘然远去。”

有好几分钟，我为这大自然的永恒震惊得出了神；我为自己的无足轻重感到渺小、恐惧和绝望。我的生命究竟还有什么意义？我能做些什么或完成些什么，才能证明我活过？

碧珠在我怀里换了个姿势，以便有更佳的视野，这一瞬间，我想起来了：我该做的其实就是我正在做的——

停下脚步，坐下来，为世间壮丽的佳景作见证。

享受活着的恩典和福分。

全神贯注于当下，此时，此地。

去爱，要感恩。

每一分、每一秒，都要为生命欢庆、歌颂。

我是那正在举行的神圣仪典的一部分，我也曾为这世界的灿烂辉煌而奉献过。

愿你的生命充满真实刹那，也愿你能在平静祥和中，走过你的人生旅程。

图书在版编目（CIP）数据

活在当下 / (美) 芭芭拉 · 安吉丽思著 ; 黎雅丽译. —北京 : 印刷工业出版社, 2014.1

书名原文: Real moments

ISBN 978-7-5142-0933-4

Ⅰ. ①活… Ⅱ. ①芭… ②黎… Ⅲ. ①人生哲学—通俗读物 Ⅳ. ①B821-49

中国版本图书馆CIP数据核字（2013）第233116号

版权登记号 图字：01-2013-0672

活在当下

作　　者：（美）芭芭拉 · 安吉丽思
译　　者：黎雅丽

责任编辑：王　彦
出版统筹：李耀辉
特约策划：钟建波　杨　柳
产品经理：阎文哲
特约编辑：沈可成
装帧设计：门乃婷工作室
出版发行：印刷工业出版社（北京市翠微路 2 号　邮编：100036）
网　　址：www.keyin.cn　www.pprint.cn
经　　销：各地新华书店
印　　刷：三河市祥达印刷包装有限公司

开　　本：635mm × 965mm　1 / 32
字　　数：180千字
印　　张：9.25
印　　次：2014年1月第1版　2015年1月第4次印刷
定　　价：29.80元
ISBN：978-7-5142-0933-4